成果を生み出すための

Salesforce 運用ガイド

佐伯葉介
Saeki Yosuke

技術評論社

はじめに

　"Salesforceを仕事にする"、"ITツールや技術を仕事にする"のに重要なこととは、一体何なのでしょうか。

　各種ITツールや技術は、その進化によって多くの人に身近なものとなりました。広い意味でのIT技術（プログラミングなど）を習得するハードルが下がり、多くの人が専門的な武器を身につけ、キャリアをひらける時代です。

　一方、"実務でその武器を発揮できる人、仕事で求められる人"と、"そうでない人"のギャップはより色濃く分かれるようになってきているように思います。武器を覚えるだけでも奥深いことですが、それを適用し、応用すべき"実務"と"知識"には距離があるためです。

　「結局コミュニケーション力が重要だ」と括られることもありますが、実務上の課題を理解し、解決する過程で、Salesforceなどの専門知識をうまく提示していく必要があります。その実務と知識のギャップの大きさのせいで、コミュニケーションが難しくなってしまっているのだと考えています。

　実務と知識のギャップについて、多くの教科書や研修にお世話になった方は体感的に理解していると思います。Salesforceの機能をいくら覚えても、Salesforceをよく知らない営業担当者や、営業マネージャーとうまく話すことはできません。これは営業担当がいくらプレゼンやヒアリングの研修を受けても、訪問先のお客様の前でうまく話せるようになるわけではないことと同じです。

　武器としてSalesforceの知識やスキルを増やすことは、プロとして、専門家として内面を鍛え続けるうえで絶対に重要です。しかし、"仕事、実務の現場"では"成果"を求められてしまうのもまた事実です。

　その観点で、現実の仕事で向き合うSalesforceとは直接関係しないキーワードや、別の姿をした問題や対処について、悩み・学び・成長すべきことのほうが、Salesforce管理者にとってはより切実かつ重要な課題になってきます。

　Salesforceを実務で扱い始めた方の多くは気づいていきます。学ぶべきはSalesforceというよりも"ビジネスそのもの"であり、IT技術だけでなくIT

やビジネスの基礎であり、業務／業績改善といった会社固有の実務であると。そしてそれらをどう学び、成長し続けるのかは非常に難しいテーマです。

　本書は、"Salesforce という IT 製品、機能、技術を解説する本" ではなく、実務において Salesforce を含め、さまざまな手段を活用する "Salesforce 管理者の実務を考える本" です。

■ "手に職を" と Salesforce を学習するだけだと……

せっかく学習や資格に時間をかけたのに

実務で活かしづらい

受け身になりがちで、立場も弱い

Salesforce固有の視点

広く浅いツールの学習（製品／機能／技術）

ギャップ

管理者の実務で求められる視点

自社のビジネスや業務のこと

Salesforce以外のITやビジネスのこと

Salesforce管理者の課題

　Salesforceは大企業から中小企業まで本当に広く使われています。そのため、Salesforceを導入するにいたった経緯や、その体制、管理者の課題も多様化しています。

　昨今では中小企業中心に、経営も、営業改革も、ITも、Salesforceも未経験という方が、他業務と兼務をしながら一人管理者として着任し、Salesforceを守り育てるようなケースも非常に多くなっています。初期の構築や導入すらも自力で行うというパターンも多く見られます。ユーザ企業の内製力がつくことは、中長期的には価値のある取り組みですが、非常に難易度の高いものになっています。

　多くのSalesforce管理者は四苦八苦しながら取り組み、一生懸命勉強していますが、成果につながらなければ評価されることも難しく、なんとかコミュニティや周囲の力を借りて自信を深め、自身の道を切り開いて活動しています。そんな現役のSalesforce管理者の人々の話を聞くにつれ、管理者に対して、何か新しいアプローチで長きにわたる継続的な悩み・学び・成長を支援するツールは作れないだろうかと考え、本書の執筆を決めました。

　Salesforceの提案、開発、導入、運用に長年携わり、多くの管理者の人々と苦労をともにする中で、Salesforceはビジネス変革の主要で汎用的な手段となることを確信しています。Salesforceを管理者の手によって会社で機能させるために、Salesforce単体をとらえるのではなく、会社のビジネスや業務に即した管理者実務、Salesforce活用のベースにある基礎的なビジネスIT基礎知識を踏まえて総合的な観点でとらえ、学び続けることを本書の目標にしています。

■ある日突然Salesforce管理者をすることになった方の課題

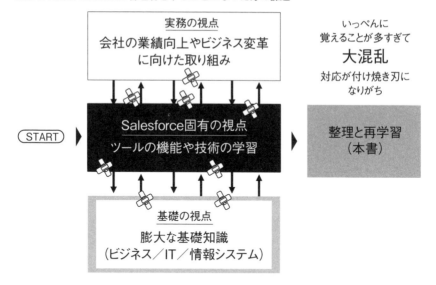

本書の構成

　本書はSalesforceでのシステムの設計・開発といった構築に特化したものではなく、"Salesforceを管理する"という実務者の視点で課題との向き合い方、知識をとりまとめたものになっています。とはいえ、Salesforce管理者の実務を学ぶにあたって、Salesforceそのものの基礎知識や設定技術といった武器強化の学習を避けて通ることはできません。

　そのため、まず第1部ではSalesforceを軸にして、その概要と学び方のポイントをWebや無料で得られる多くの情報から絞り込んでふれます。Salesforceの管理者業務をこれから始めるという方は、こちらで解説した内容から道筋を立てて、学習を開始し、第2部以降を読み進めてもらうのがおすすめです。

　続いて第2部からは、Salesforceでの業務改善作業を考える前準備として、みなさんの会社のビジネスと業務について理解を深めていきます。Salesforceの標準的な業務プロセスや機能を知り、自社のビジネスモデルと業務とのちがいを考えます。また、Salesforceによって行う業務変革の本質をおさえて、自社に置き換えた場合の活用をイメージします。

そして第3部は、守りの管理者業務についてです。日々のルーティンや定常的な運用業務の効率化や安定化について考えます。Salesforce管理者は、いつも技術的な仕事を行なっているわけではありません。社内のメンバーやマネージャー、経営層とのコミュニケーションや、日々システムを安定的に使ってもらうための定常的な作業や不具合の対応、システム改善や業務改善要望のとりまとめなどがあります。まずは、しっかりと日々の業務を安定的に回すための戦い方を考えます。

　最後に第4部は、攻めの管理者業務についてです。Salesforceを中長期的に管理すると、さまざまな製品・業務領域（ドメイン知識）を扱うことになります。また、チーム・組織でSalesforceの管理業務を行うことも重要なテーマになっていきます。会社の成長、Salesforceの成長、管理者チームの成長に向けた課題や知識を確認します。

　豊富すぎるSalesforceの機能や知識のうち、"Salesforce管理者の実務"を行ううえで重要なポイント、うまく使うための考え方やフレームワークといった応用的なものを多く紹介します。

■本書のおおまかな構成

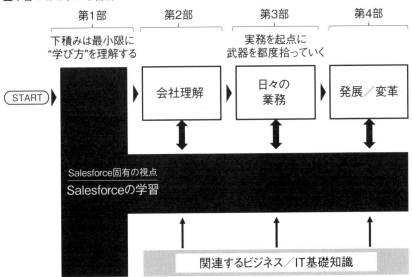

対象となる会社の実務も、Salesforceも初心者にとっては難しい内容になるかもしれません。その場合は、一気に読み進めるのではなく、第1部で紹介する学習方法や情報ソースを使い、初歩的な機能の理解や用語の理解はWeb上の情報をうまく使いながら、ゆっくりキャッチアップしていければと思います。

　逆に公式のナレッジサイトで確認できる初歩的でまとまった情報、そのほかWeb／リアルイベントなどで無料で手に入る情報はあまり書いていません。具体のナレッジは陳腐化が早いため、むしろ"Salesforce歴約15年の経験の中で大きく変化しなかったこと"や、"意味のある歴史背景などのこれからも変わらないこと"を主に集約しています。

　子がいなければ親になれないことと同じように、Salesforceを知るだけではSalesforce管理者にはなれません。管理し、改善すべき会社のビジネスと業務、そして会社のお客様があって、初めてみなさんはSalesforceの実務者になれます。

　より多くの実務者により長く寄り添えるツールとして、また、いつか後輩ができたときにみなさんの伝えたいことのいくつかが言語化されたツールとして、本書が役立てれば幸いです。

成果を生み出すためのSalesforce運用ガイド●目 次

第 **3** 章　**Salesforce の学び方**

第 1 部
Salesforceを学ぶ

　学習というと、テストに合格することがゴール（到達点）というイメージがあります。

　Salesforceについても製品や機能、活用方法といった汎用的な知識について書籍やテキストで学習をすることで、数々の資格試験という一定のゴールに向かうことは可能です。そして、数あるIT製品の1つでありながら、多くのユーザ企業を抱えるSalesforceの専門性を証明する資格を多く取得することは、キャリア形成の観点、学習のやる気を増幅させるインセンティブとして重要です。

　しかし、実務においてSalesforceを扱うということになれば、必然的にゴールは会社のビジネスと一体化します。会社のビジネスと同様に、目指すべき終点はなく、続いていくものです。

　では、実務に活かすためのSalesforceの学習、継続的な学習のために、どんなライフスタイルや手段をとっていけばよいのでしょうか。Salesforceという存在を再度とらえ直し、学習における課題ととるべきライフスタイルの方向性、ナレッジ習得の具体的な手段やキャッチアップ方法の順で、あらためて構造的に考えていきます。

　第1部を読み終わる頃には、みなさんの学習が単なる知識習得ではなく、成果に対して適切にフォーカスされ、たりないナレッジを補い続けていくための武器が1つでも増えていることを目指します。

第1章

Salesforceを
とらえ直す

Salesforceとは何かを概要として説明することは、いくつかの言葉で可能です。聞き手によって適切な説明は異なるでしょう。（世界No.1のSFA、クラウド型CRMサービス、DXプラットフォーム……など）。

今回、本書を手に取ったみなさんは、Salesforceに関係ない立場ではなく、今後も継続して学び進めていく方を想定しています。

そのため、今あるものや表面的なことだけでなく"今後どこに向かっていくのか"についても感じ取れるように、あらためてSalesforceという会社や製品の特徴、思想、コンセプトをおさらいします。

1-1 Salesforceを学習するためのスタンス

SalesforceとSalesforce管理者の出会いの多くは突然訪れます。

Salesforceは、時代によってさまざまなテーマをとらえてユーザ企業に採用されています。例えば、次のようなテーマです。

- 経験と勘頼みになっている業務からの脱却
- ローコード／ノーコード開発基盤注1などによるIT化の推進
- データの一元化とAI活用によるDXの推進

Salesforceは、その時代ごとのトレンドや経営者・事業部門の関心ごとに沿って解説され、そんな多様な関心ごとに応える幅広い製品機能を持ち、そしてビジネスの成功に焦点を当てたビジョン提案によって採択され続けてい

注1）プログラミング言語によるソースコード記述を極力せずに、画面上のマウス操作など直感的な方法によってシステムを開発できるツールやサービスのこと。

る“世界No.1クラウド型CRMプラットフォームサービス”です。

　日本においても、ユーザ企業は大企業から中小零細企業にいたるまで増え続け、そこから派生して導入や運用支援を行うパートナー企業のビジネス、人材マーケットといったエコシステム（経済圏）も広がり続けています。

　当然、Salesforceを管理するという仕事も増え続けており、昨日まで営業アシスタント、情報システム担当、経営企画担当など、さまざまなキャリアにいた人々が、「君、明日からSalesforce担当お願いね」と声をかけられることも多いようです。

　管理者だけでなく、SIerをはじめとしたエンジニアリング企業においても、昨日まで顧客先でJavaのスクラッチシステムを運用していたような人が、「うちもSalesforceの導入や運用サポートの仕事をとりにいくことにしたから」と、社内の受託チームに移され、キャッチアップと資格取得を命じられ、Salesforceのプロジェクトに放り込まれる。そんなことが日常茶飯事です。

　突然のことにびっくりするでしょうが、Salesforceそのものを学ぶことについては、あまり心配することはありません。無料の開発環境、無料の公式ハンズオン型学習ツールもありますし、Webを検索すれば、多くの管理者／開発者のブログもヒットし、自社についてくれているSalesforceの営業担当者も、コンサルタントのように相談にのってくれます。外資製品とはいえ、公式のサポート窓口も多くのドキュメントも、もちろん日本語対応で親切です。

　最近では、セールスフォース社公式のキャリア支援プログラムPathfinder（パスファインダー）のようなリスキリングの取り組みにより、完全未経験者への研修から資格取得・就業をサポートしてくれるプログラムなどもある手厚い業界になっています。このように、Salesforceエコシステムには競技人口の多さだけでなく、とにかくサポートリソースが豊富にあります。始めようと思えばすぐに学習も実務も始められるし、資格だって取ることができるようになっています。

　ログインがうまくできない、集計方法を変えてほしい、見たいレコードが表示されない……そういった日常の問題についても、検索や問い合わせ先を頼れば解決できるでしょう。

　しかし、実務でよくふれる知識や機能・技術スキルは、実際には現場ごとで異なるうえに、Salesforce管理者へあがってくる要望や問い合わせといった課題は、ユーザ企業各社の異なる事業や業務、組織や人の文脈で寄せられ

るため、"Salesforceの用語や機能の姿"をしていません。Salesforceをユーザとして利用している社内の人々、または利用させられている現場メンバーからすると、Salesforceの事情など知ったことではないためです。つまり、Salesforceでどうやるか（How）よりも、ビジネスや業務の課題は何か（Why）や、そのために何をすべきか（What）を理解しなければ、Salesforceという武器は意味を持たないという点が、社内のSalesforce管理者として活躍するうえで大きな壁となるでしょう。

　会社独自の業務目的や課題が社内で議論される中で、その手段の1つとして「Salesforceでこれがやりたい」というタスクの形になるまで落とし込まれるのを待っていては、議論に参加することもできず、ただの指示待ち作業者になってしまいます。そうして、手応えや評価が得られない時間が続いていき、焦ります。努力の矛先が見つからず、増え続ける幅広い製品、バージョンアップされ続ける豊富な機能をただ習得することに追われ、資格取得やTrailhead（セールスフォース社が提供する学習支援システム）を進めるなど、閉じこもった学習に偏ってしまいがちです。日々機能や知識を学んで努力していることは、Salesforceをよく知らない周囲には、残念ながら伝わらないことが圧倒的に多いです。

　Salesforceの機能や知識を習得することと、自動車の運転免許の取得学習は似ています。免許を取得しただけでは、次のような"警察では教えてくれないけれど重要な習慣"を知ることはできません。

- ガソリンスタンドの使い方
- コインパーキングや商業施設での割引の受け方
- 一時停車や譲り合いなど多様なハザードの使い方

　いかに車の構造や操作に長けていても、ドライブに出かけると、外部環境との間に存在する壁が多いことに気づきます。実務経験のある方と未経験の勤勉な学習者の間には、努力量や才能の差ではなく、大きな隔たりが生じてしまうということです。

　Salesforce固有の情報をプロとしてキャッチアップしていく姿勢はそのままに、業務の改善や円滑な進行といった"現場"にも目を向けていきましょう。そして、自社のビジネス成功に対し、Salesforceの活用を通して貢献することを念頭に、学習や日々の業務と向き合っていくことで、この仕事と努力がみなさんにとって価値あるキャリアとなっていくことでしょう。

1-2 Salesforceとは? を説明する難しさ

　そもそも"Salesforceとは"について調べようと考えてWeb上で検索すると、さまざまな解説記事が出てきます。多くはCRMやSFAといった特定のシステムカテゴリを示すキーワードであったり、さまざまな製品の総称であるとか、プラットフォームであるといった"包括的"なキーワードで説明されていることでしょう。多様な説明が見つかると思います。Salesforceを知らずに管理者を任された人、Salesforceについて興味を持ち学んでみようと思った人など、さまざまな経緯の人が最初にぶつかる壁になります。

　部分的な説明や包括的な説明が入り乱れる中で、ではSalesforceの指すCRMとは"具体的に"は何を指すのかであったり、Salesforceが総称やプラットフォームとしてさまざまなことができるものだとしたら、"個別には"何という製品や機能で構成されているのか、どこから調べればよいのかといった疑問が次々と湧いて、結局よくわからなくなり、初手から情報収集の手を止めてしまいたくなります。

　歴史的に見ると、Salesforceは1999年の創業以降、SaaS（クラウド型業務アプリケーション）を提供する最古参の企業として、右肩上がりの成長と製品の拡張、他社の買収や製品統合などにより、20年超の歴史があります。初期においては、インターネット経由でブラウザをとおして利用するCRMシステムや、顧客情報を記録・管理してビジネスに活かすというだけのものだったかもしれません。そこから20年超の過程の中で、現在のように抽象度の高い公式のブランドメッセージや説明であったり、買収や新規事業として具体の製品の数、製品の名称、画面イメージですらも大きく変化し、紆余曲折と積み重ねがあり、変化を続けてきました。そのため、多くの関係者がそのときどきの初学者に向けて、Salesforceをよりわかりやすく具体的に伝えようと、ブログなどで情報発信を試みています。しかし、3年前に書かれた情報と5年前に書かれた情報とでは、それぞれややちがうことをいっていたり、実態としては同じ製品を別の名称・価格で説明していたりする記事が見つかります。

　公式のコーポレートサイトを確認すると、各製品についてはそもそも数が多く、全体としてはやや抽象的な説明に留まるため、Salesforceを実際に触る、作る、管理するといったことを想定すると、とっかかりがなくとらえづ

らいものになっています。

　"包括的な製品や機能"、"これまでと今後もあり続ける変化"、という特徴を踏まえると、Salesforceの"主要と周辺"や"本質と表層"といった知識の強弱をとらえることで、全体を効率的に把握し、学習を積み上げていく必要があるのではないでしょうか。

1-3 セールスフォース社の発信や製品の呼吸をつかむ

　"ビジネスは世界を変える最良のプラットフォーム"、これはセールスフォース社が1999年の創業依頼掲げているとされる信念を表したキーワードです。"Salesforce"は"ビジネス（企業活動）を支援することによって、社会全体をよりよく変革するためのサービスを手がけている会社"といえます。製品の機能や技術知識を学びたい方からすると、啓蒙的／自己啓発的に見えるかもしれませんが、このキーワードを通してセールスフォース社の呼吸をつかむことは、提供される機能や技術、ノウハウのキャッチアップを効率的に行ううえでは欠かせません。

　Salesforceについて調べると、"顧客管理"、"CRM[注2]"というキーワードが必ず出てくると思いますが、ただ単に"顧客"からの受注や売上を増やすためのシステムを提供するだけであれば、"世界"（社会）全体までは対象になりません。また、企業業績の追求と、環境問題や労働問題などの社会問題はしばしば対立構造になります。

　Salesforceの製品、サービスは、営利活動と社会変革を両立させようとするものです。あらゆる企業に対して、企業活動の対象である"顧客"を中心に、社員やパートナーなどステークホルダー全体をつなげ、単に顧客から得る企業収益を成長させるだけでなく、持続可能なビジネスの形へと変革を行うことを目指したものという特徴的なCRMの概念になっています。こうした思想が含まれているので、"顧客管理"のしくみによって収益向上／コスト最適化の戦略を支えるシステムの基盤を提供しながらも、顧客に選ばれ続けるビジネスとは何か、企業はどのような活動を通して社会に存在すべきかなど、Salesforce利用企業の成長やビジョンについても、多分に啓蒙的なメッセー

注2)　顧客管理と同意。顧客の名称や住所、連絡先といった属性情報だけでなく、顧客との間で発生したやりとり、その他顧客に関するあらゆる情報を集約、意味づけすることで"適切な顧客へ"、"適切なタイミングで"、"適切なアプローチを行うこと"を目指す活動。

ジングや提案が含まれるリーダーシップのある活動をセールスフォース社は展開しています。

　Salesforceのビジョンや思想を背景として理解しながら、"顧客からより多く収益を上げるためのしくみ"でありつつも、"顧客だけでなく世界をつなげるしくみ"として提供される製品や機能の位置づけをおさえていきましょう。

1-4 Salesforceの特徴を解釈する

　前述のとおり、Salesforceとは、次のような目的を持った会社と理解できます。

- 社会をよりよく変革する
- あらゆる企業の変革を支援する
- 各企業が顧客を中心としてステークホルダーをつなげるために役立つサービスを提供する

　このように理解すると、Salesforceを説明するときによく使われる次のキーワードは、あくまでもSalesforceの定義に対する"手段"として理解できます。

クラウド型（SaaS／PaaS）
- ・インターネットを介して異なる場所の利用者がつながれる
- ・Salesforceが集中的に運営するシステムをインターネット越しに提供するので、企業規模や地域などにかかわらず、同じしくみをあらゆる企業が利用できる
- ・Salesforceからプラットフォームだけ利用してアプリケーションを自作すること（PaaS）も、Salesforceが考えたカスタマイズ可能な業務アプリケーションを利用することもできる（SaaS）

サブスクリプション型サービス（サブスク）
- 売り切りや単純な継続課金ではなく、利用企業の活用期間や数量・ビジネス成果に応じた課金形態を提供することで、中小企業から大手企業まで利用できる
- 継続型の課金形態になっており、ユーザ企業が長期的に継続発展することを支援することと、セールスフォース社の収益が一体的になる、一蓮托生のビジネスモデルとなっている

CRMプラットフォーム（Customer 360）
- ビジネスの対象である"顧客"に選ばれる活動をするためのあらゆる情報を集約するだけでなく、顧客へのアプローチに関連するあらゆる人の活動もつなげていく包括的なサービス提供している

SFA
- CRMプラットフォームの上の顧客情報やステークホルダーとのつながりによって、営業による顧客へのアプローチ品質を向上させ、業績を成長させるための代表的なユースケース（利用方法）の1つ

　これらの例としてあげたようなキーワードを使うことで、Salesforceをより具体的に、ざっくりと説明ができるようになります。根底には、社会変革のためのビジネス支援を行う会社や製品という特徴があります。同じクラウド型のしくみ、サブスク型のビジネス、SFAのパッケージといったものは世の中に多く存在しますが、それ自体は目的と整合した手段にすぎません。

　Salesforceの導入可否や継続について、ユーザ企業内のさまざまな立場の人が議論を戦わせるのはよいことだと思います。しかし、クラウドよりもオンプレミス[注3]で手作りのほうが結果的に安い、SFAはSalesforceよりもZ社のほうが使い勝手がよいなど、各論での善し悪し、メリット・デメリットの議論になってしまうと、基準が揃わず、収集がつきません。

　企業にとってSalesforceが有力な選択肢である理由は、これらの特徴に起因するコスト構造や利便性からくる、他社製品との競争優位性であることも確かに多くありますが、自社の目的や目指すスタイルがSalesforceの目指す先と整合するのかどうかが何より重要です。

注3）システムのインフラなどの稼働環境を自社で保有すること。

1-5 狭義のSalesforceと広義のSalesforce

Salesforceのコンセプチュアルで抽象的な側面や、全体をとらえるための解説をメインに行いました。ここでは、Salesforceが提唱するCRMの中心となる部分と、その派生・周辺を分けて解説します。

前節で解説してきたように、Salesforceの提唱するCRMの概念や提供するサービスは、顧客を超えたステークホルダーを巻き込んでより包括的なものとなっています。多様な製品や機能がずらりと並んでしまうと、どこから手をつけて、どう関連づけて理解すればよいのかがわかりづらくなりますので、中心と周辺といった強弱をとらえていきます。

まずは、軸、中心となる考え方を狭義のSalesforce、狭義のCRMとしてとらえていきましょう。

■**主要な狭義のCRMシステム**

顧客情報の活用と、顧客対応を支援する機能によって
顧客接点活動の成果を高め
利用企業の収益を最大化させるためのサービスを提供

Salesforceに限らず、多くのCRMシステムの概要にも通じる解説になっています。いくつかのCRM製品を検索してみると、これらの分野の機能はほぼ確実に謳っていると思います。

実際、顧客カルテをただ記録して保管するだけでは、多くのビジネスは成長しません。紙やExcelを超えて金額を払い、利用されることはないでしょうから、図にある3つの顧客情報のユースケース（活用方法）は投資効果が高い分野として、各社のビジネスの種となっているのでしょう。

総じて、CRMは顧客の情報を管理することによって、企業活動の対象とな

る顧客を理解し、顧客に対して価値提供のアプローチを担当するユーザの活動を支援するものです。

マーケティングは、自社の位置する市場や潜在顧客への発信を通じて、自社に対するイメージや期待とともに、会社／製品の認知を行い、結果的に集客につなげていく活動です。いわゆる市場調査としてのマクロ的な顧客分類や統計といった情報に留まらず、自社の既存顧客を含むデータや、具体の個別顧客における詳細な体験を分析し、各種メディアやメール／アプリケーションなどのチャネルによる一括でのコミュニケーション方法や内容を、より効果的で効率的なものにしていく必要があります。

セールスは、新規の見込客や既存顧客への活動によって商談機会を発掘し、受注につなげていく活動です。見込化するにいたったマーケティング施策の経緯や、商談化につなげるための事前リサーチ結果の記録、類似する他社の商談化や受注経緯などの情報を必要とします。

サービスは、問い合わせやクレーム対応といった既存顧客への支援を通して顧客体験の満足度を高め、契約継続やリピート購入、追加受注や口コミの獲得などにつなげていく活動です。顧客が利用している自社商品／サービスを素早く特定して理解する情報や、発生している課題への支援策として参考となる過去の問合せなどの情報を必要とします。

Salesforeが提供するCRMサービスのコア（中核、中心）としては、これらマーケティング・セールス・サービスというユースケースがあります。

ちなみに、現在Salesforceにはいくつもの製品が存在します。そして、その中のひとつひとつの製品として**Sales Cloud**や**Service Cloud**、そして**Marketing Cloud**といった製品が販売される形となっています。しかし、過去2000年代後半まではマーケティング、セールス、サービスのユースケースをカバーした"Salesforce CRM"という1つの製品として販売されていました。このことからも、3つのユースケースがSalesforce製品の中核的領域であることがよくわかります。その後、2010年前後から2020年代にかけての変化が急速に加わり、CRMをより拡張・強化する形で、さらに広い意味でのCRMサービスとして現在の製品や機能構成となっています。

続いて、具体的には何が時代とともに拡張されたのか、強化されたのかという点を解説します。

まず、拡張されてきたものとして、具体的には顧客接点となるチャネル（手段）の変化があげられます。マーケティングであればメールやDM、セール

スであれば人（営業担当）、サービスであればメールやフォームといったチャ
ネルが主流でした。そこに対して、例えばモバイルアプリケーションやWeb
サイト、ECといったものが企業向けにも普及してきたことで、そのような
新しい接点で顧客活動を行うための製品や機能がSalesforceの一部にも盛り
込まれています。

　また、基盤として強化されてきたものとしては、高性能な顧客データベー
スを単に用意するだけではなく、データをより多く集めるために外部から
データを連携したり、大量にため込むためのしくみであったり、集まったデー
タを効果的に活用するための可視化や解釈のしくみも盛り込まれています。

　そして、従来のCRMの概念と直接関係がないような領域にはなりますが、
これらのしくみを利用する社内のメンバー全員の情報共有や、業務をスムー
ズにつなげるような生産性向上のしくみも、ファミリー製品に組み込まれて
います。社内業務やコミュニケーションの生産性が向上すれば、顧客体験の
向上や成功に間接的に寄与するためです。

　このように、Salesforceは当初の3つのコアを提供するだけのシステムか
ら進化を遂げて、現在では次の図のような構成で機能追加したり、新製品を
作ったり、買収によって統合したりということを続ける会社・製品となりま
した。

■Salesforceとは

Salesforceは以下を行う機能群をCRM製品として提供していく会社

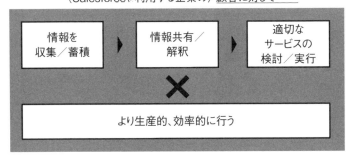

（Salesforceを利用する企業の）顧客に対して……

1-6 Salesforceの提供する製品の位置づけ

　2023年11月現在、Salesforceが提供する多様な製品のカテゴリ（中分類）は"Sales Cloud"、"Service Cloud"といったように主に"○○○Cloud"というブランド名称となっています。それらを広義のCRMの構成要素としてマッピングすると図のようになります。顧客と直接接するものがあり、そしてその顧客との接点を"データの観点で間接的に支えるもの"、"システムや業務の基盤として間接的に支えるもの"で包み込んでいるのがわかります。

■顧客体験に向かうものはすべて統合されていく

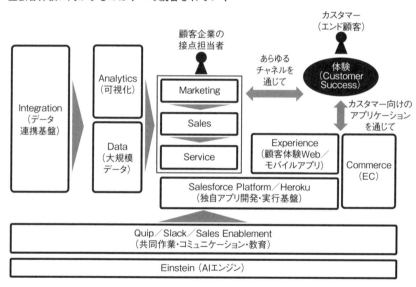

　名称はいずれ変わってしまうでしょうし、ブランド名称と実際に契約するときの商品名称は異なったりするので、位置づけをとらえて固有名詞にはあまり気を取られないようにしましょう。中核3領域であるMarketing Cloud、Sales Cloud、Service Cloudは機能改善され続けています。それらの中核製品とは別に、情報収集に特化したデータ連携製品、情報共有（可視化や解釈に）特化したBI製品、社内の生産性向上／効率化に特化した育成支援システム、Webアプリケーションなどのデジタルサービス提供のプラットフォームなどがSalesforceファミリー製品として追加されていきました。そして、中

核領域ともシステム的に連携しながら、効果的に顧客中心のビジネスへ力が集約されるように構成されています。

　一見、直接CRMと関係なさそうに見えるテクノロジーや製品だとしても、顧客体験向上や購買促進に寄与するものであれば取り込んでいきます。例えば、2023年11月時点の直近にあったSalesforce製品拡張は次のような形です。

チャットコミュニケーションツールSlack ／ドキュメントコラボレーションツールQuipの買収
・社内外のあらゆる会話や会議、情報共有や意思決定の生産性を全般的に強化し、結果的に顧客対応業務においても対応効率や品質向上につなげようとするもの

データインテグレーションツールMuleSoftの買収
・顧客に関係する価値あるデータをより多くのシステムや入り口から集められるようにするもの

生成AIへの投資などEinstein製品の発表
・膨大に蓄積されていくデータの分析や解釈といった、人間だと物理的に困難なアクションをAIがサポートして情報活用効率を高めたり、適切な文面の返答や案内メールなどの情報生成業務をAIが担当し、アクションの効率を高めるもの

　冒頭のSalesforceとは何かという話に立ち返ります。"Salesforce"はあくまでも社会変革のためにビジネス支援をする会社であり、製品であるととらえると、今後もまだまだ拡張するテーマ、強化するテーマは尽きないことがわかります。

　一方、ビジネスは顧客がいないと成り立ちませんので、中核には顧客に対してのアプローチが存在する点は変化しない部分ともいえます。あくまで中核の活動を拡張、強化する手段として、そのほかのSalesforceファミリー製品を必要に応じて手にとり、活用していきたいところです。

1-7 物理的なシステムとしての各製品の位置づけ

　概念的な製品カテゴリの関係性や位置づけを解説しました。それらの名称は、いわゆるプレスリリースなどのブランディングを含んだメッセージに使われる名称、キーワードです。

　しかし、読者のみなさんはSalesforceの活用や拡張／開発といった管理業務に向けて、実物のSalesforceを触っていく必要があります。Salesforceという"総称"で、各種製品が存在し、広義のCRM概念の中で一貫したポリシーによって拡張され買収／統合され、形を変えてきたことはここまで解説しました。となると、ファミリー製品ではあっても、実際は別システムなのか、システムとしては1つだけれどそれを分割して表現しているのか、新製品は連携するのか、同じ基盤上に作られるのかなどは意識しておきたくなります。実態として別製品であれば、設定やカスタマイズ方法を含め、いくらSalesforceファミリーとはいえ新たな学習を必要とするでしょうし、機能もデータもうまく連携させるように作る必要があります。自社のビジネス課題に対して、新たなSalesforce製品（実態として別製品）を検討するのであれば、その場合のハードルや自社の運用側の負担など認識しておかなければなりません。

　本書執筆直前の2023年9月にも、毎年サンフランシスコにて行われているSalesforce最大のカンファレンスイベント"Dreamforce"（ドリームフォース）

■製品ラインナップと物理的な関連性

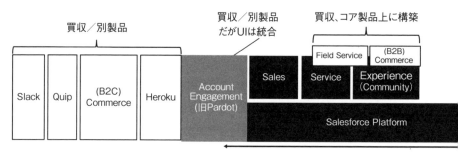

が開催されており、大々的に新たなプロダクトや機能が発表されています。また、過去に発表された製品や機能がリブランディングされ別の製品名に変わったり、別製品でも分野が似ている製品を1つの製品カテゴリの中に含めて発表したり、一部資料や公開情報には旧名称が残っていたりといったことも Salesforce 界隈のよくある話で、初学者が情報をキャッチアップするうえでつまずくポイントであったりします。

　2023年11月時点で現存する主要な製品について、自社開発製品と買収や統合状況を図と表にまとめました。すでに多くの製品がありますが、本書ではコア上に構築された中核製品（図の黒背景部分）を基礎としてしっかりおさえることに注力します。

　新しい製品のリリースやブランド名称変更があった場合は、実体としてどこに位置づけられるのかをおさえておき、自社の活用範囲においてどのような影響があるのか、活用しようとしたときに連携するのか拡張するのかといったことをざっと理解して、自身の情報をアップデートするようにしましょう。それによって、会社のビジネスや業務をより発展的にするために、そのほか周辺製品が必要なのか、どう組み合わせていけばよいかといったことが考えやすくなるはずです。

　ちなみに、セールスフォース社のCRM市場におけるシェアは、2023年4月時点発表のIDC社調査によると23％となっており、2位Microsoft社（5.7％）を大きく離して市場をリードするポジションにいます。市場全体の規模も年平均10％以上成長することが予想されており、その中で他社よりも早い成

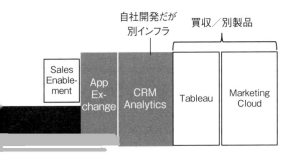

■製品名と概要・経緯

製品名	概要・経緯
Slack	企業内、企業間チャットコミュニケーションツール。2021年買収。
Quip	ドキュメントコラボレーションツール。2016年買収。
B2C Commerce	コンシューマ向けECサービス。もともとはデマンドウェアの名称で知られる。2016年買収。
Heroku	RubyやJavaといったオープンな開発言語で、スケーラブルな独自Webアプリケーションを構築できるPaaS。2011年買収。
Account Engagement	主にB2B向けのMAツール。旧製品名称であるPardot（パードット）の名称で親しまれていたが、2022年に名称変更。Pardotは2012年にExactTarget社に買収され、その後2013年にExactTargetをSalesforceが買収。
Sales Cloud	営業支援アプリケーション。創業当初から提供しているシステム基盤（コア）上で動作。
Service Cloud	コンタクトセンターやサービス業務向けアプリケーション。コア上で動作。
Experience Cloud	主に社外ユーザ向けに提供するポータルアプリケーション。代理店企業向けに商談を共有したり、顧客向けにナレッジやマイページを提供する。コア上で動作。
Sales Enablement	学習支援アプリケーション（LMS）。Salesforceの学習者向けに無料提供されるTrailheadというLMSアプリケーション相当のUIや機能を各社ごとに構築できる。2019年にmyTrailheadとして発表され、2022年に名称変更。少なくとも設定画面はコア上で動作。
Salesforce Platform	Sales CloudやService Cloudなどを支えているアプリケーション構築／拡張プラットフォーム部分だけを提供するPaaS製品。ノーコード／ローコードでの独自のアプリケーション構築が行える。コア上で動作。
Field Service	現地に出向いての移動や作業といった業務を行うフィールドサポート向けのアプリケーション。Service Cloud製品群の一部としてフィールド業務向けの機能を拡張する形で、コア上で動作。2016年より提供。複雑な作業員のシフトアサインのコンポーネントとしてClickSoftware社の技術を使っており、同社は2019年に買収。
B2B Commerce	対顧客企業向けのECサービス。CloudCraze社を2018年に買収。Experience Cloudをベースに構築されており、コア上で動作。
AppExchangeアプリケーション	Salesforceが提供するアプリケーションマーケット"AppExchange"で提供される、主に第三者企業提供のアプリケーション群。Salesforce Platformの機能で構築されたパッケージをインストールして使ったり、まったく別の場所に構築されたアプリケーションと連携するパッケージだけをインストールして使ったりすることで、自社のSalesforce機能を拡張できる。
CRM Analytics	情報の可視化／探索的分析に長けたBIアプリケーション。Waveという名称で2014年発表。その後Einstein AnalyticsやTableau CRMと名称を変え、2022年より現名称。コアとは別基盤だが自社開発。

Tableau	セルフサービスBIの分野で世界的に有名だったBI製品。2019年に買収。
Marketing Cloud	主にB2C向けのMAツール。旧名称ExactTarget Marketing Cloud。2013年に買収。

長・シェア獲得を目指していくことになります。今後も、競合他社の製品拡張などの動きを取り入れてサービスを同質化／全方位化したり、セールスフォース社独自のコンセプトや機能拡張を発表し、競合他社を追随させるような動きが想定されます。今後の拡張の方向性としては、競合製品の強みや特徴となっている機能性を取り入れることと、技術的／ビジネス的なトレンドをCRMに取り入れ、新しい提案を市場に対して行なっていくことになるでしょう。

　競合となるMicrosoftやSAP、Adobeといった企業の製品や、ガートナ社が発表する"ハイプサイクル"に代表される技術トレンドにもアンテナを張っておくことは、Salesforce管理者にとっても重要です。今後のSalesforce製品の進化の方向性が見えてきます。

1-8 セールスフォース社の特徴

　前述までの内容でも、セールスフォース社の提供するCRMサービスの多様さ、変化の速さなどの特徴を十分理解できるかと思います。ただ、一言でいってしまえばただの巨大な企業／巨大な製品群／市場というだけにも見えます。しかし、実際には手数の多さや規模の大きさだけではなく、企業としての個々の機能にも、競合と比較して大きく秀でているポイントがあります。

　最後に、Salesforceが類似／競合する企業と大きく異なっている特徴を2つのトピックに絞って紹介します。

◆営業力

　企業と提供サービスの名称のとおり、その"営業力"については避けて通れない特徴です。一口に営業力といっても多様な切り口がありますので、具体的に2つの観点で紹介します。

顧客企業にとっては購買体験自体がデモンストレーション

　セールスフォース社自身がSalesforce製品を活用することで、創業以来右肩上りの成長をしている企業です。そのノウハウ自体が大きな魅力となって、製品の採用を後押ししています。顧客企業からすると、自社が課題検討段階に受けるSalesforceからのマーケティング活動や、購買プロセスにおいて相対する営業担当者から受ける商談や提案活動自体が、Salesforceを導入するときのデモンストレーションとなっています。実際、Salesforceの展示会活動やメール、電話やレター、営業担当との打ち合わせの体験などを受けた経営者や事業責任者からは、「Salesforceの担当者のような営業組織、カルチャーに感心した」というコメントをよく伺います。単に製品のスペックを評価されているのではなく、セールスフォース社と自社の役員や社員との関わりによって、何か新しい刺激やアイディアが生まれ、変革を促進されるような期待感を得ているのかもしれません。

　また、特に中小企業をターゲットとした市場向けには、巷で"The Model（ザ・モデル）型"などと呼ばれる販売プロセスと組織の構築の感心が高まっています。"The Model"の考案者や発祥の経緯、原典の定義とは異なるものの、現在一般には次のようなビジネスプロセスと組織の"型"をイメージすることが多く、営業組織や活動の属人化や再現性のなさ、営業生産性の鈍化といった課題解決の手段として注目されています。

The Model型（の組織、業務プロセス）とは

- マーケティング（Webサイトやイベントなどの活動による見込客の獲得をKPIに持つマーケティング担当）
- インサイドセールス（主に商談獲得をKPIに持つ内勤営業）
- フィールドセールス（受注をKPIに持つ外勤営業）
- カスタマーサクセス（主に契約継続率やLTV増加をKPIに持つポストセールス担当）

　このような、連動するKPIを持った役割とプロセスに業務を分解し、分業的かつプロセス管理を主な戦術としたオペレーションの"型"のことを指します。一連の販売活動を定量的に分析し、その数値の改善活動や、人や予算のリソース配分最適化に活かすことができます。

　また、大手企業向けにはThe Model型のようなリードを掻き集めてアプローチする手法だけでなく、ターゲティングアプローチとして知られるABM（アカウントベースドマーケティング）であったり、社内の商材別専門チームや社外の販売や導入パートナーを含めたチームセリングの手法など、営業業界的に注目度の高い手法を高い品質で実践している見本としても知られています。顧客企業としてはCRMシステムを選ぶというよりも、業務ノウハウや事例の提供を受けることにメリットを感じたり、意思決定のポイントとなることも多いようです。

各社ごとに最適な支援を提供するエコシステム

　セールスフォース社のビジネスモデルや業務プロセスがいかに優れていても、単純に真似をするのは難しい部分はあります。前提となる会社ごとの事業、現在の組織や文化が形成された歴史などは各社ごとに異なるため、例えばThe Modelを実行するためには、実際には各社ごとに異なる困難・課題があります。販売活動・提供活動にかけられる人や予算も異なれば、各社ごとに最適なオペレーションの形も異なってしまうため、ただ真似しようとしても、完全に真似することはできず、うまく機能しません。

　営業改革のリファレンスとして存在しつつも、こうした各企業の業界や業種、既存のシステムやデータの状況といった変数ごとに最適化する動きをセールスフォース社だけで支援するのは現実的ではありません。そのため、Salesforce導入までのコンサルティングやシステム開発の経験を多く積んできた社外のパートナーエコシステムが存在したり、ユーザ企業個々の特性に応じた事例を共有／コミュニケーションできるコミュニティエコシステム（横のつながり）といった自律的なしくみを構築しており、各社ごとに異なる情報や支援リソースが絶えず提供できることも、受注を止めずに拡大し続けられる営業力の強みとなっています。

　このように、SalesforceはCRM製品やSFA製品として認識されたり、ノーコード／ローコードのアプリケーション開発ツールとして認識されていますが、必ずしも製品の機能や性能といった面で比較して選ばれるわけではありません。複数の製品や技術をよく理解している人（特にエンジニアやITコンサルタント）ほど、「この使い方ならSalesforceよりも安いあれでできるのに」とか「あっちのツールのほうが使いやすいと思うけどな」といった意見を目にしたり耳にすることがありますが、企業がシステムを選びとる過程で重要な別の訴求ポイントがSalesforceにはあるのだと考えるべきです。

◆プロダクトマネジメント力

　営業力が商品を届ける力だとすれば、プロダクトマネジメント力は"魅力ある商品を作り続ける力"です。

　サブスクリプション型のクラウドサービスは、解約を阻止し長期で利用されるようにしたり、新規の顧客を獲得する必要があります。そのため、多くの顧客が利用中のサーバーとソフトウェアを安定的に稼働させつつ、新しい技術への対応と機能改善に取り組まなければいけません。ここでは、プロダクトマネジメントの難しさと、Salesforceの強さをご紹介します。

「製品が豊富、機能が豊富」が強みではない

　Salesforceは、B2BのSaaS、クラウド型CRMとして老舗の最古参であるため、当然機能は成熟していて豊富です。

　ただし、時間を経たシステムプロダクトは、技術的な負債や、採用している基盤技術の陳腐化によって改善のスピードや魅力が損なわれていくのが通常です。後発品のほうが先行者の反省や最新の技術を活かせるので、不要な機能がなく、モダンな技術でUXのよい機能を出しやすい側面があります。実は機能性の面では常に脅威にさらされており、最大の強みではありません。

長期的に変化し続けるプロダクト

　先行者としてのデメリットを抱えつつも、Salesforceはコア製品においても年3回の大規模バージョンアップを継続しています。後発品はその初期顧客の声を取り込んでファンを作ることができますが、柔軟な機能追加は負債の増加と変化スピードの鈍化を招くリスクがあります。創業から20年以上たっても、毎年コンスタントに、読みきれないほどのリリースノートを出せる点は圧倒的な強みといえるでしょう。

先進性と革新性

　Salesforceは、2015年前後に**Lightning Experience**という現在に引き継がれるUI[注4]へと刷新を発表しました。従来は、画面上のボタンやリンクを押して画面を1枚1枚遷移するようなUIが、企業向けのWebアプリケーションの主

注4） ユーザインタフェースの略。画面デザイン、レイアウト、ボタンや入力項目の操作性などのユーザに見える形で提供されるシステム機能のこと。以前はClassicという名前のUIが提供されていた。

流でした。その後、今では当たり前に使われているGoogleマップのように、ユーザが画面上でマウスを操作するとその場で新しいデータや画像が読み込まれ、サクサクと滑らかに操作を進められるような、フロントエンド技術によるUIを実装したWebアプリケーションが主流になっていきました。

現在では、みなさんが日常的にアクセスするSNSなどのBtoCのサービスは、スマートフォンなど閲覧デバイス用に最適化され、企業のWebサイトですらもリッチな動きのあるサイトが増えました。技術的には、インターネットブラウザの向こう側にあるサーバー側で動作するJavaが主役のWebアプリケーションから、みなさんのスマートフォンやPCのブラウザ側で動作するJavaScriptが主役の言語となり、Salesforceの開発者に求められる技術スキルも設計的な知識も、開発スタイルも大きく変わることになりました。

こうしたユーザ体験や操作性を実現するフロントエンドの技術は、つい10年ほど前までは"企業内の業務向けシステム"ではあまり重視されてきませんでした。しかし、Salesforce社としては、今後まだIT化されていない業務や業界にもITツールが提供されていくことを見越して、BtoCレベルのUIを持ったプラットフォームへと生まれ変わる必要性を感じたのでしょう。表面的にはUI部分に関する変更とはいえ、10年近く世界トップで展開してきた大規模な製品を、技術の変化に合わせて全体的に作り替えるような大規模意思決定をしたことは、当時の筆者としても驚きでした。システムを利用し運用する企業には長年悩みの種であった、IT基盤における技術的負債の解消をプラットフォーマー側がやってくれるということです。

その後も、スマートフォン対応、IoT、AIといったテーマへの対応、開発者向けにもマイクロサービスやサーバーレスへの対応など、市場／業界の技術トレンドにも必ず追随してきました。2020年前後よりノーコード／ローコードといった市民開発[注5]向けのプラットフォームも流行しましたが、2010年以前からSalesforce Platformはローコード開発基盤を先んじて提供してきており、トレンドへの対応は先取りしているか、かなり早い段階で対応されています。

ほかにも、現在は新型コロナウイルス感染症の影響で、社内SNSやチャットツールでの社内コミュニケーションは当たり前になりましたが、2009年にはChatterという社内SNSのしくみをリリースしたり、2011年にはトヨタ社と提携して企業内外の人だけでなく、商品もつぶやいたりコミュニケーショ

注5) エンジニアではない方が、自社アプリケーションを構築して業務改善を行うこと。

ンできる"トヨタフレンド"のような新しいコンセプト事例を発表していました。当時先進テーマだったソーシャル／AI／IoT／モバイルすべて網羅した取り組みです。

このように、営業力に代表されるビジネスプロセスの面でも、プロダクトの面でも常に先頭を走り続けるための新しいノウハウや事例づくりへのチャレンジがあり、それらのための継続的な投資を20年以上の歴史ある中核製品と、買収などにより強化した機能や周辺製品、その収益が支えています。

現時点で製品が持つ"機能"といった点だけで見ると、新しいコンセプトの製品のほうが映える場面もあるでしょうが、"歴史による証明"のある強みというのは、後発が決して追いつけない特徴的な強みといえるでしょう。

第 2 章

Salesforce 学習の課題

　Salesforce 自体はビジョンも製品も変化し続け、広がり続けていますが、中核となる製品や強みは大きく変わらないことを解説してきました。とはいえ、Salesforce は幅広い製品と機能を持つため、早く学習に手をつけなければと焦る気持ちも湧いてきます。

　本章では、グッと堪えて、Salesforce を学ぶことの全体像や学習者の課題を考えてみます。課題の構造を背景とした、学習者のとるべき戦略・プレイスタイルについて、あらためて考えを深めていきます。すぐに現場で使えそうな Salesforce 機能や、設定のテクニック、その画面イメージや手順といったものに飛びつきたいところですが、その気になれば Web 記事、セミナー、勉強会など無料で手に入りますので、少し我慢して読み進めてみましょう。

2-1 Salesforce 学習はなぜ難しいのか

　学習のための情報も機会もツールも多く揃っているのに、資格をとっても、職についても、その後現場で思うように活躍できない、キャリアの次の階段へ登れないという声を多く聞きます。

　本章で解説する結論を先に4点にまとめます。

1. 変化：そもそも Salesforce 製品と機能の裾野が広く、アップデートによる陳腐化も早い
2. 応用：Salesforce という専門性 "だけ" で仕事ができない
3. 時間：すぐに実務と成果が求められ下積み学習が難しい
4. 複合：ビジネス／IT 基礎とツールと実務の3層スキルが求められ、レイヤーの異なる領域への越境が難しい

　1については、第1章でも解説したとおり、Salesforce自体の製品も機能も広く豊富であるうえに、年3回のバージョンアップや製品全体に影響する大幅な刷新などもあるため、表面的なものを広く浅く学んでも、すぐに陳腐化してしまいます。

　2～4の課題についても、ひとつひとつ解説します。いかに表面的な製品固有の学習を最小限にし、自身の置かれた会社の状況に適応して動き、その都度必要な知識や技能にフォーカスしていけるかが課題です。

2-2 専門性“だけ”では仕事ができない

　Salesforce管理者という人々について調べていくと、システムとしてSalesforceを扱うという共通点はあるものの、業務内容・キャリアは実に多様であることがわかります。ここでは、Salesforceの技術や知識を学ぶ前に、管理者という仕事の客観的な情報を俯瞰して解説します。

　以下のような観点を考えることで、今後の学習活動もより実りあるものになるでしょう。

- Salesforceを学ぶ以外にどんな要素があるのか
- 別の企業で管理者の仕事に従事するコミュニティの仲間たちはそれぞれどんな背景を抱えているのか
- 管理者の仕事をこなした先にはどんなキャリアが待ち受けているのか

◆Salesforce管理者とは

　当然のことながら、Salesforceを導入した企業には必ず“Salesforce管理者”が必要です。「うちの会社はパートナー企業に丸投げで外注してるから」という会社もあるかもしれません。しかし、自社のSalesforceシステム上のアプリケーションと、顧客情報を含むデータを管理する責任は導入企業にあります。そのため、あくまでも外注先には管理者業務を“支援する”仕事を多めに頼んでいるにすぎません。ユーザ企業内に、外注先の管理を含めたSalesforce管理業務の主担当者は必ずいることになります。事前のアンケー

ト調査では半数以上が完全内製、運用保守フェーズにいたっては8割近くが内製での管理体制を敷いていることがわかりました。

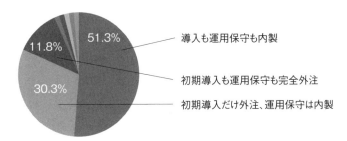

■Salesforceの導入・運用体制
・半数以上は内製体制でSalesforceを導入・管理
・導入後のフェーズでいえば8割以上が内製

51.3% ── 導入も運用保守も内製

11.8%

30.3% ── 初期導入も運用保守も完全外注

── 初期導入だけ外注、運用保守は内製

※著者がWebアンケートにて2023年11月実施した「Salesforce管理者様の実態調査」より

　管理者になった方は、Salesforceという固有のツールについて、その扱いに精通することを求められます。社内では自分が最もSalesforceをよく知る人物として、専門性を持たなければいけません。そして、Salesforce管理者は、Salesforceのことなど知らないさまざまな社内のプレイヤーからの要求に対して応えなければいけません。

　そのため、管理者は次のような非常に孤独な立場になりやすいという特徴があります。

- ビジネス面の協働者は社内にいるが、Salesforce面での実現や対応方法については社内に協働者／協議者がいない
- 機能だけ、ITだけの公開ナレッジや支援者はWebなど外部にいるが、自社のビジネスの文脈でSalesforceを扱ううえでの課題という一連のつながりへの参考情報はWebで得られづらい

　経営者からは経営指標の改善や新規事業への手配を、新しい事業責任者や管理職からは業績可視化や管理機能面の課題を、現場のユーザからは使い勝手や作業効率などの課題など、扱う実務上の課題は広く重たいうえに、Salesforceという道具を活用して応える必要があります。

■Salesforce管理者の仕事

ITの機能、業務、価値を繋げる専門的かつ幅広い仕事

Salesforce管理者
（Admin）

◆Salesforce管理者のキャリア

Salesforce管理者にアサインされるのは情シス系、営業企画／営業系、経営企画／事業企画系の人が多く、もともとの主幹業務を持ちながら、兼務をしているケースもあるようです。近年では、国をあげた"リスキリング"の取り組みとも連動し、セールスフォース社が展開する未経験者への無料の学習プログラムと、就業支援の取り組みである"Pathfinder"（パスファインダー）といった活動もあり、新卒や中途で完全未経験から任されるケースも徐々に増えてきそうです。

■管理者になる以前のキャリア
・半数以上はIT未経験、うち4人に1人は完全未経験

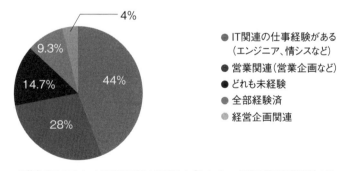

※著者がWebアンケートにて2023年11月実施した「Salesforce管理者様の実態調査」より

　Salesforce管理者は、ITに携わる職種である一方で、専門職というよりはビジネスサイドにまたがって作用する横串のプレイヤーであり、ITツールの機能を業務やビジネス価値につなぐことへ貢献する複合的な役割といえます。

　IT専門知識面のハードルが高いように思われがちですが、実際には所属企業のビジネスや業務への解像度、組織、人間関係などの理解が必要とされることもあり、IT経験者からの登用以外にもコーポレート系の組織や、現場をよく知る事業部の担当者が持つような素養も同時に求められます。

　また、SalesforceというITツールを扱うという専門性（ITスペシャリスト）でのキャリアのほか、もともと営業だった方がSalesforceを覚えて経営企画へ移るといった横移動のキャリアステップ（ジェネラリスト）や、管理職として戦術立案・実行と管理を行うようなポジション、さらにはCxOへと進む縦移動のキャリアステップ（マネジメント）といった広がりがあります。専門性をつけつつも、横か縦へのキャリアステップへ進める点は魅力でもあり、難しいポイントでもあります。こうしたSalesforce管理者のキャリアや人の登用、教育については第9章であらためて解説します。

■Salesforce管理者のキャリア

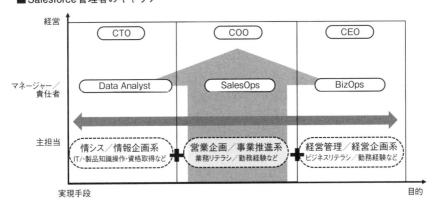

◆Salesforceの"専門性"だけで仕事ができるケースはほぼない

　さまざまな支援先の企業の体制を見るにつれ、中堅／大企業中心に、大規模にSalesforceを適用し活用している企業では、Salesforce管理者をチームとしてかまえる所も徐々に増えてきました。そのような現場においては、

　Salesforceを見て・触って・管理していく業務に専任で取り組めるようなポジションも存在します。

　それでも、求められるスキルとしては自社のビジネスや現場の業務をよく理解したり、意思疎通を求められることが多く、初学者が製品の知識や技術学習をして、いきなりSalesforce一本で勝負するのは難しいです。仕事の特性上、自社ビジネスや業務の精通とコミュニケーションが求められるケースがほとんどで、それがない場合は評価されたり活躍することが難しいともいえそうです。

　また、身につけた製品や技術知識をもとにSalesforceの導入や運用支援を行うパートナー企業に転職し、エンジニアやコンサルタントになるとしても同様で、Salesforceの導入プロジェクトは初期構築が2〜3ヵ月、1〜3名の少数体制で実施されることが多く、売上の母数となる受託件数を増やすためにも、PMやディレクターといった顧客折衝を任されるポジションへ転換を早期に求められます。

■現役管理者に聞いた「管理人材になるにあたって重要なことは？」
　圧倒的な1位は"Salesforce力"ではなく、会社（自社）のビジネス・業務理解とコミュニケーション

※著者がWebアンケートにて2023年11月実施した「Salesforce管理者様の実態調査」より

2-3 現代のIT職は下積みの難しい専門職

　新型コロナウイルス感染症による世界の変化に限らず、外部環境が変わればビジネスの生き残り方や勝ち方も変わります。テクノロジーの進化というのも外部環境の1つで、2010年以降のクラウド普及にはじまり、さまざまな

テクノロジーが民主化したこともよりその変化への圧力を早めました。

　ビジネスの要求に対して適応させていくSalesforceについても、じっくり学習、じっくり設計／実装することは難しくなりました。

◆オンプレミス時代のシステムとビジネスの関係

　システムエンジニアなど従来"専門職"とされる仕事には、長いの下積み期間をへて、一人前になるのが当たり前の時代がありました。インフラを含めて、システムを用意し稼働させるのは、まるでビル建設のようなもので、1つのプロジェクトは数年単位、多くの人数が関わって作り上げるものでした。そのため、企業がシステムを導入するということは、幅広く素養のある専門家の力が多く必要でした。いわゆるIPA資格[注1]などの情報工学的な素養、インフラやソフトウェアを実際に構築する技術、ビジネス価値を創造するための戦略や戦術と実行技術、こうしたスキルを持った人材を一朝一夕に用意するのは難しかったため、外部のパートナーベンダーは専門家を長い下積みの中で育成し、ユーザ企業はそれを頼るという形でシステムの提供と保有が行われてきました。

■かつてのシステムとビジネスの関係

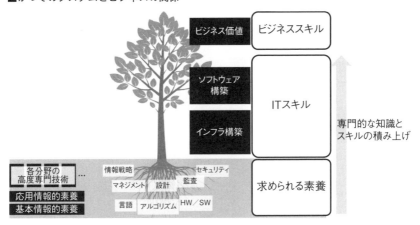

注1）ITパスポートなどの情報処理技術者の国家試験を運営する独立行政法人の略称。

しかし、現在のシステムとビジネスの関係は、クラウドの登場で大きく変わりました。特にクラウドの中でも、さまざまな業界や業務向けにSaaSと呼ばれる利用型のアプリケーションが提供されたことで、専門家なしにIT環境を手に入れ、利用できることも珍しくなくなりました。

◆クラウド・SaaS時代のシステムとビジネスの関係

オンプレミス時代のシステムの導入や運用に携わる時代であれば、一からシステムができあがっていく様子や、そのために必要な知識を、先輩のもとで下働きをしながら習得することで、専門家として生きていくITスキルを身につけることができました。

しかし、Salesforceは契約さえすれば、インターネット越しにすぐ動く状態のパッケージが提供されるクラウド型のサービスです。契約をするというビジネス面の検討や意思決定が最低限あれば、ハードウェアなどのインフラやセキュリティ対策のしくみ、プログラミングによるアプリケーション構築といった準備を一からする必要はありません。

また、利用者の業務フローを検討して機能要件をまとめたり、アクセス数と負荷の想定や認証機能などの非機能要件を検討するといったことについても、世界標準のルールや集合知が適用されたシステムが提供されるため、それらのベストプラクティスを参考にできます。

■クラウド・SaaS時代のシステムとビジネスの関係

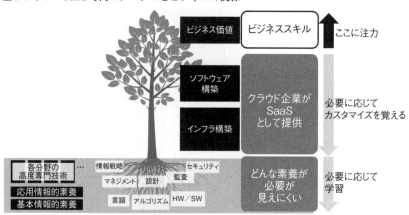

あとは手直しをするだけという状態でシステムが提供されるので、ユーザ企業は自社の業務やビジネス価値に注力・フォーカスして素早くアクションすることができます。

システム投資やシステム構築が専門家の領域だった時代では、素人が口出しのできない"システムの事情"、"専門家の事情"でコストやスケジュールを譲歩してもらうことは当たり前でしたが、このような時代になると通用しません。最優先で要求されるのはビジネス価値を発揮することであり、ITがボトルネックになることは許されないわけです。

ネットワーク越しに自社の環境をちょっと手直しするだけであれば、プログラミングの知識は不要です。システムを扱うのにITの専門性を持つ人がいなくても始めることができてしまいます。

現代における学習の課題はそこです。ITの知識もビジネス知識も素養がない中でも、まず始めることができます。となると、実際に導入を進めたり運用していく過程で、課題が出てきます。例えば、何かエラーが起きてサポートに問い合わせようにも、問題の技術的な構造を理解できておらず、原因の切り分けが難しくて調査をしてもらえないとか、パフォーマンスの悪い無駄な処理を多く組み込んでしまいエラーが頻発するとか、関係する別システムの担当者からデータ連携をしたいといわれたものの、Salesforce以外のシステム一般的なことがわからないため、どう議論や調整を進めたらよいかがわからないといったことが起きます。

そのため、SalesforceをはじめとしたSaaSやPaaSというクラウドのしくみをビジネスに組み込む時代においては、IT未経験から活用を始めて業務を回し、ビジネス価値の創出に努めつつも、徐々にシステムの構築や素養についてバックワードする形でキャッチアップするような成長を目指し、キャリアを積まざるをえなくなります。別の領域で言い換えれば、簿記を知らずに経理を、英語を知らずに海外企業で仕事をするようなキャリアの積み方にならざるをえないということです。ツールや手厚いサポートによってひとまず始めることはできても、専門的で自立した担当者になっていくためには、素養の習得や環境特有のルールを覚えることも重要なのは想像しやすいかと思います。

Salesforceの学習をして資格を取れば、Salesforce管理者として活躍できるわけではなく、ビジネスの中で実務に貢献することを軸としながらも、SalesforceやIT／ビジネスの専門的な基礎学習を通して、自分の幅を広げて

いく必要があります。IT職に限らず、例えば広義にThe Model型組織といわれるように、業務プロセスと職種も分業化が進んだり、分業／専門化によって型化されたナレッジや教育プロセスで早期の立ち上げや成長を求められるのは、時代共通の特徴ともいえそうです。

2-4 キャッチアップすべき3層のナレッジ

本書の冒頭にも解説したように、Salesforceの導入や運用の現場に関わることになると非常に幅広い能力が求められます。

- Salesforceの導入がDXや営業改革など、経営レベルの意思決定に紐づいて意思決定されることが多いこと
- Salesforceの扱う領域自体が非常に変化も早いうえ、広範囲のあらゆる企業のニーズやユースケースへ対応できるように提供されていること
- 自社業務やSalesforceの提供機能を理解するためには、一般的なIT全般の知識や販売活動などのビジネス知識も求められること

これらの理由から、ビジネス価値を創出することを求められるSalesforce管理者として、単なるSalesforceのツールや機能をコツコツと習熟するだけでなく、一体化した学びが必要です。

■Salesforceの学び方

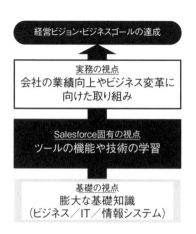

　例えば、キャリアのバックグラウンドとして、ITの構築／運用経験のある方やビジネス企画やコンサルティング経験のある方がSalesforceの管理者にアサインされると、基礎的な視点に長けているため、一般的な考え方のフレームや業界標準・ベストプラクティスなどを足がかりにSalesforceを理解し、活用する動きができます。しかし、そのままだと会社個別の成熟のフェーズやビジネスモデルを踏まえて最適化するということが難しかったり、Salesforceの強みや特徴を活かしたソリューション設計ができず、スピードや拡張性を持たせた活用方法にならないリスクがあります。

　また、自社の現場業務やマネージャーを含む人間関係をよく理解している方は、実務の視点に長けていますが、個別最適化をしすぎてしまってSalesforceにギャップ・かゆいところばかり気になってしまい、カスタマイズが増え、今後のビジネス変化やシステムの保守性を織り込めない、負債の大きい形になってしまうということもあります。

　そして、Salesforceの学習や資格取得をへて、晴れて管理者になった方は、実務の現場からあがってくるニーズがうまく理解できずに、Salesforceで何をすればよいのかが考えつかなかったり、相談された機能の修正要望がニッチで実現するのが難しいため、無理やり作り込みで対応をしてしまうということもあります。

　このように、Salesforceの学びは構造上、ツール（手段）偏重や実務偏重など偏りやすく、なかなかうまく機能しにくい特徴があります。

■Salesforceの学びが難しい理由

　小さくてもいいから、バランスのよいピラミッドを作り、少しづつ広げていくことで、キャッチアップの速度が早まり、実務者としての成長が加速します。となると、いかにSalesforce固有のレイヤーで学習したり手を動かすことから、実務の視点でSalesforceで何をすべきかへの越境や、それを適切に考えリードするための基礎の視点への越境ができるか。ここが最大の壁であり、Salesforceを学び続ける方にとってのテーマです。

　次の章ではこれらの課題を踏まえて、いかに戦っていけばよいかを考えていきます。

第 3 章

Salesforce の学び方

　Salesforceだけでも覚えることがたくさんあるのに、手に職つけても不十分、下積みを丁寧にすることもできず、総合力が必要、と学びの道は前途多難に見えます。

　でも安心してください。難しくともSalesforceの道に踏み出す企業や人の広がりが絶えないのは、この業界にプレイヤーを支える多くの武器があるからです。

　重要なのは、最低限の下積みと走りながら武器を拾っていくスタイル、周囲のステークホルダーを巻き込んで自身のリソースを拡張する戦い方です。こうした学習の戦略・スタイルについて解説します。

3-1　学習のマインドセット〜不完全である勇気〜

　セールスフォース社は1999年創業、2000年に日本進出しました。国内での歴史も20年超と長く、ユーザ企業やパートナー企業含めてプレイヤーの多い市場です。そのため、公式／非公式問わず多くの情報や支援サービス、コミュニティといった社外の"仲間"が存在します。

　特定のベンダーが提供する独自パッケージ製品／独自技術を覚えることは、つぶしが効かないと思われがちで、技術者にはあまり人気がない時代がありましたが、とにかく採用実績も業界参加者も多く、何かわからないことがあっても、調べたり、学んだり、解決策を比較的見つけやすい点も、選ばれる理由の1つです。

　ただし、第2章の課題でもふれたとおり、Salesforce自体の機能が多く、変化も早く、丁寧にじっくり学ぶことが難しい環境にあります。膨大な情報にふれ、"役に立ちそうなこと"や"やったほうがよさそうなこと"をすべて

キャッチアップしようというのは現実的ではありません。「知らない技術や知識があって不安だ」と思うのは自然なことですが、"知らない技術や知識をどう習得するか"にフォーカスするのではなく、"不安"とうまく付き合うことにフォーカスする姿勢が必要です。そのために、持っておきたいマインドセットからあらためて考えていきます。

　"不完全である勇気"という言葉は、アドラー心理学における有名なフレーズです。

　何か新しいことを始めようとすると、しっかり準備、武装をしてから取り組みたいものです。誰しも初めての試合であれば、十分に練習して挑みたくなります。試合に出て痛みから学ぶのは不安で、億劫です。これは自然な心理で、ベストを尽くそうとするがゆえのことでもあります。もちろん、実践に入る前にたくさん事前学習することや、精一杯準備をすることも否定しません。

　ただし、英語を話せるようになるということと、海外企業で英語を使って仕事をするということには大きく開きがあるのと同様に、Salesforceを独学で学ぶことと、とある会社でSalesforce活用の仕事をするということにも開きがあります。まったくの前提知識なしでは苦戦するでしょうが、実務ですぐ通用するレベルまで机上で学ぶことも現実的ではありません。前述のとおり、ビジネスに求められるスピード感が早くなったため、下積み学習が難しい時代になりました。「英語を覚えたら、外資に転職する」のように、「〇〇ができたら、××に挑戦する」が通用しない時代ともいえます。不完全な状態で走りながら武装していく必要があります。

　こうしたマインドセットを整えるために、不完全な勇気というフレーズにおける"3つの勇気"について紹介します。

1.自分が不完全であることを受け入れ、挑戦すること

　Salesforce管理者に限らず、初めて経験するタスクや仕事には緊張と不安があります。自分が不完全だからと挑戦しないのではなく、「会社にとって、仕事にとって必要なことだから」とやるべきことにフォーカスして、最初の一歩を踏み出す必要があります。専門職ほど前提知識や練習した技術を頼りにして、自分の守備範囲を決め、閉じこもってしまいがちですが、それで成立する仕事はきっとありません。できなくても、得意でなくても、挑戦する役割なのだと割り切りましょう。

2. 自分が失敗をすることを受け入れ、失敗から学びリトライし続けること

　ほぼすべての仕事は成功確率が100%ではありません。逆に、何か的外れな意見をいってしまったり、要望とちがうような作業をしてしまっても、それだけですべてが終わることもありません。

　失敗によって評価が下がること、落胆されることは実際にあるでしょう。それが怖いと感じることもあるかと思いますが、同様にうまくやれた・がんばったとしても、実はそれを正確に評価してくれている人もいなかったりします。社内での短期的・表面的な評価に注意をさかないようにしましょう。

　失敗は一定あることを前提に、失敗後の学びと動きに心のエネルギーをフォーカスするのが健康的です。

3. 自分がやったことで失敗や誤りがあればそれを明らかにすること

　仕事をしていれば、小さな失敗や大きな失敗があると思います。大きな失敗はわかりやすく、周りの目にも留まり、隠しようがありませんが、日々発生する小さな失敗、小さなトラブルは何が原因か、そもそも何が起きてるのかも、周囲からするとわからないことが多いでしょう。大きな失敗やトラブルはみんなの目に留まり、結果的に会社の問題として協力し合って対処ができる可能性がありますが、小さな失敗は先ほどの1や2の勇気が持てないと隠してしまいがちです。

　小さな失敗やトラブルは、会社やチームに認識されないままなので、「いつか対処しておこう」と思っていても、ほかの仕事が入ってしまえば消化することもできません。当然、人知れず発生したトラブルに対処をしても、自分が仕事をしたことに誰も気づきません。たとえ、自分がまいた種だとしても、失敗や誤りは問題として明らかにし、共有することが、中長期的に見て自分を助けることになります。

　いらぬ失敗を避けたい、避けてほしいという願いから、アンチパターンに関する情報なども多く出回っており、そういったものを手に入れてからじゃないと進めない……と過敏になってしまいがちですが、出回っている情報が実際に機能することや、多くの実務上の失敗を避けることは、現実的には多くありません。不完全や失敗を受け入れることによって、学習・成長する機会になれば、人の情報に乗っかるだけではなく、自分なりのナレッジを生み出して発信し、業界に貢献することもできます。

　3つの勇気を持って走りながら学ぶスタイルを目指していきたいところです。

　終身雇用の時代のように、しっかりと教育を与え、仕事を覚えさせることを企業側が十分にしてくれることはありません。企業側が人材を稼働させるのに十分と考える最低限の教育を施したら、そのあとは実践あるのみという現場は多いでしょう。また、よりドラスティックに成果に連動した評価制度を敷く会社も増えるでしょう。教育を丁寧にしない会社を肯定するわけではありませんが、より早く投資を回収しようとしたり、人材の流動性を前提とした会社は、きっと増えてしまうだろうと考えられます。

　一方的に与えてくれる教育は少なく、あくまで所属する会社組織にとって、中央値押し上げるために合理化された範囲に留まるでしょう。仕事に取り組むことと並行し、余白となる時間とリソースを確保し、キャリア価値を上げるための努力は必要です。10年かけて一人前、とはいきません。

　完全でいたい自分を守るのでは何も得られませんが、みなさんの挑戦によって会社や業界に可能性が生まれます。みなさんの伸び代が会社の伸び代です。できないことを恐れず、挑戦し、学び続けましょう。

3-2 Salesforce学習に効く「知る／わかる／ できる／"わかち合う"」の4ステップ

　それでは実際に、実務の都度必要な知識をインプットしたり（知る）、実際に試して動かしたり（わかる）、ケーススタディや実務の中で実践してみたり（できる）といったことを目指す学習活動について考えていきます。

　現代の学習環境は下積みが難しいこと、Salesforceは領域が広く機能の変化も早いこと、Salesforceの活用目的であるビジネスの要求も変化が激しいことなどを踏まえると、実務での課題を軸に都度学習していくことが多くなります。そのため、基礎を広く学習し、理解し、技術やスキルをつけて、さあいよいよ実践という形で現場に入るのではなく、現場の中で必要となる知識や技術について素早く知る／わかる／できるの3ステップサイクルを回し続けるようなイメージが基本形になります。

　多くの企業にとって、Salesforceは未経験、Salesforce管理者も未経験からの兼務での登用が多いことから、社内的には専門職かつ仲間や上位者がいない状態であることが多くなります。また、公式の情報も社外の情報も多す

ぎて、欲しい情報を探し当てることも難しいため、経験者からのガイドや、より価値の高い情報をキュレーション（とりまとめ）してくれる役割をどこかから補完する必要があります。こうしたSalesforce業界の特性を鑑みたうえで、学習ステップのサイクルをより効率的に多く回す必要が出てきますので、そのための戦略が必要です。そこで重要な4ステップ目として、"わかち合う"というものを組み込んだ学習スタイルを目指します。

■ Salesforceの学習スタイル"実践中心型"かつ"孤独な専門職"のための4ステップ学習

　これは学びや悩みを他者、特に社外へ"言語化してアウトプット"するというステップです。業務で必要なことが"できる"ようになるだけでも素晴らしいことですが、そうなったら最終的に社外と情報共有し、"わかち合う"までを目標とします。これは情報提供や社外ボランティアという慈善活動ではなく、Salesforce管理者としての生存戦略です。同様の立場や悩みを持つ方とのつながりというリソースを得られ、学習のサイクルを高速化させることができます。自分が情報を求めているのに、人に情報を発信するのは矛盾するように思うかもしれませんが、情報を外に提供すると、その情報を必要とする人、業界や業種や課題が近しい人からの反応などにより、有識者が可視化されるだけでなく、そういった方とのやりとりを通じて、いずれ自社でもぶつかるであろう他社／他者の課題や解決策が、コミュニケーションによって持ち込まれるようになります。大量の情報や人の中から、自身に必要なものを吸着させるイメージです。

　管理者として熟練の人になってくると、気になることは知識レベルでざっと日々収集、必要なことは試して実機で確認、ブログやSNSで展開、または社内で展開という活動を日常的に行っている方も多く見られます。一見、発信している人は知らないことなどないように見えてしまいがちです。しかし、情報を発信することによって、情報や人の知恵が集まるようになるという側面も大きいです。管理者歴10年ともなれば、わからないことなどなく、教えることばかりだろうと思うかもしれませんが、そういった長年のキャリアを持った方からしても、いまだに社外のコミュニティ内での勉強会や事例から「そんなやり方があったんだ」と学ぶ日々だと聞きます。

　1つの課題に対して、Salesforceでとりうる手段は1つではありません。また、誰かから聞いたやり方を自社で試したら、別の問題に直面して真似することができなかったりします。実に多様な解決手段を個々のSalesforce管理者は日々生み出しているため、お互いのやっていることを見せ合うことが、結果的に最も有益な情報獲得の手段です。

3-3　3段階の学習フェーズと学習テーマ

　基本の4ステップ学習について紹介しました。

　そもそもSalesforceを触ること自体に不慣れな段階で、学んだ初日から"できる"までいくのは難しいでしょうし、ましてや学びや悩みを"わかち合う"のもハードルが高いかもしれません。あらゆる領域のタスクについて"できる"のレベルへすぐに到達するに越したことはありませんが、実技的な練習や経験獲得までをすべての知識領域で行おうとすると、時間の制約上狭く深くなりがちで、一気に進めるには時間がたりません。

　4ステップは原則として意識しながらも、まずは全体をざっくり、その後領域を絞って、できる・わかち合うまで進めるものを増やしていくというグラデーションで立ち上がっていくのがよいでしょう。次のような順番で、徐々にメインとして時間をさく学習ステップを押し上げていきます。

1. 主に契約検討や導入フェーズにおいては、主要なものや全体をとらえる
2. 運用開始から定着に向けたフェーズにおいては、機能レベルでの使い方や活用イメージをとらえる
3. 実務において発生した課題や要望にもとづく対処の都度インプットを行ったり、社外とのつながりや情報を広く頼っていく

　大きく3つのSalesforce利用ステージに分けて、それぞれのステージで"主に"何をテーマに学習活動をするかを整理しました。

■学習の段階とテーマ

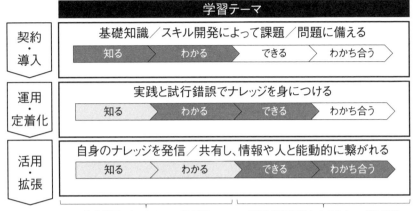

基礎学習のためのナレッジや練習
（一定の学習時間が必要、問題解決のための準備）

問題/課題解決に向けたナレッジや活動

◆契約・導入フェーズ

　契約当初は、システムの複雑性も実装機能も一番少ない頃でしょうし、"できる"というレベルの知識やスキルは最小限でかまいません。

　　適した学習対象
- Web上で手に入る情報
- 小さな時間で広く浅く読める記事や図解つき資料
- 概要／基礎コンテンツ
- 索引ベースで体系的に整理されたコンテンツ

◆運用・定着化フェーズ

　初期の運用定着までの間などは、セールスフォース社の営業担当やCS担当、導入時にコンサルパートナー／開発パートナーと契約している場合はその会社など、顧客企業として契約関係にあるそれらの人を頼ってよい時期です。専門家からのナレッジを存分に盗んで自分のものにしていきましょう。

> **適した学習対象**
> - コミュニティサイトやSNSに流れてくる人や情報のフォローアップ
> - 特定のテーマに絞ったセミナーや勉強会など
> - ハンズオンや動画／スクリーンショットつきの具体的なコンテンツ

◆活用・拡張フェーズ

　導入からしばらくたつと、悩みが自社固有のものになってきて、外部の支援や相談がしづらくなり、1人で悶々と悩むことが増えます。積極的に外へ出てわかち合う活動を通して、支え合える人との出会いや欲しい情報への接点を作り、継続的な学びを効率化させる必要性が高くなっていきます。

> **適した学習対象**
> - SNSや公式のコミュニティサイトでの発信など、クローズドな関係性での情報交換
> - Trailheadでの未経験分野のチェックや、業務に関連する領域の資格取得などの深掘り

■Salesforce管理者になるタイミング
・すでにSalesforceがあり、前任の交代や多忙により急遽任されること半数近くで最も多い
・導入検討、初期構築、利用開始段階など、"これから"のタイミングで任されるのが残り半数

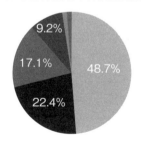

- ● すでにSalesforceの利用が開始されたあとの段階（運用や改修フェーズ）
- ● 導入検討段階から
- ● 初期構築段階から
- ● 構築後の利用開始段階から

※著者がWebアンケートにて2023年11月実施した「Salesforce管理者様の実態調査」より

　調査では、Salesforceが入る前の段階や使い始める段階などから順次関わって学んでいける人が半数いるのに対して、前任の多忙や退職、初期構築

ベンダーが抜けたなど、すでに使われていて動いてしまっているSalesforce
を急な無茶振りで任される方も相当数いるため、いきなりSalesforce管理者
業務が"できる"ということを求められることもあります。とはいえ、その場
合においても周囲の期待値を適切に下げながら学習を開始し、粘り強く段階
を登っていく必要があると思います。運用開始後から入るとしても、1段階
目から徐々に勉強していくしかありません。

せっかく多いに悩み取り組んでいるのであれば、組織からおしつけられて
こなすだけの仕事ではなく、成果や業界における評価や視座やスキルを獲得
し、自身のキャリアになるように積み上げていきたいところです。

3-4 学習に使う情報源と使い分け

では、具体的にどの情報源（学習チャネル）を、どんなときに、何を活用
すればよいのかを解説します。闇雲に実機を触ったり、書籍を読んだり、検
索してTrailheadの単元を読んだりするけれど、うまくハマらない、成長実
感がないという経験をされたことがある方は、自身のナレッジレベルとチャ
ネルがあっていないのかもしれません。

例えば、何かわからない機能があったときに、とりあえずヘルプの記事を
読んでみては、翻訳のかかったわかりにくい日本語が頭に入ってこなくて余
計に混乱し、もう少し細かく知りたくてTrailheadを開いて単元を進めてい
たら、なんだか時間がたってしまった……というようなことになりがちです。

Salesforceの情報は、Googleで検索しても多くの記事が公式／非公式出て
きますし、当然各種生成AIに聞いても一定の情報が得られます。そのため、
知りたいこと、悩んでいることが明確であったり、調べるべきキーワードが
明確な場合は、Web上のナレッジを頼ればかなり多くの解決策候補に出会え
ます。

一方で、まだ経験も知識も少なくて、ピンポイントで知りたいことがわか
らないという場合もあるでしょう。実務上の問題は複雑であったり、自社固
有の問題が含まれていたり、テキストで言語化できない悩みも多いはずです。
Webで得られる情報が多いだけに、どの情報を拾えばよいのかという成熟し
た業界ならではの悩みも出てきます。

Salesforceの業界で利用できるナレッジの獲得チャネルは多くあります。

それらのうち、特に有用と思うものをマップにしました。すでに知っている／使っているというものもあるでしょうし、もしかすると今後名称が変わる・廃止されるなど、情報が陳腐化しまうかもしれませんが、それなりの期間継続して存在してきたものをあげています。そして、それらの多様な情報ソースについて特色／位置づけと使い分けを意識して活用するのが重要です。

■提供されている主要な支援リソースマップ

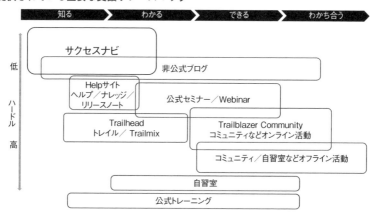

それぞれのチャネルを解説します。

サクセスナビ

　公式が提供するナレッジサイトです。国内CSチームが日本語ユーザ向けにオンボーディング、定着化支援、活用支援のためにユーザ向けの記事をまとめています。仕様説明ではなくキャッチアップのために書かれた記事で、セミナーで使われた動画や資料などとともに掲載されており、読みやすいです。

　ログイン不要で閲覧、学習ができ、Salesforceを学ぶときや、新しい製品や機能、新機能を学ぶときのとっかかりに適しています。

　ここからTrailheadやセミナー、ヘルプ記事などにリンクしており、"公式リソースのポータルサイト"として機能しています。ただし、常に正確性や最新性が要求されるヘルプやマニュアルとちがい、古い記事については情報が最新のものと異なる場合はあるので注意が必要です。正確性や網羅性の代わりに、わかりやすさや実用性のある情報ソースを活用するのに適しています。

Help

　公式のヘルプサイトです。各製品のマニュアルやナレッジ（FAQ）、リリースノートなどが掲載されており、索引や検索で記事にアクセスできます。いわゆる公式が仕様として掲載する文書のため、網羅的で細かく、米国本社でレビューを受けて日本語に翻訳されたものや、日本チーム内でレビューされたナレッジ（FAQ）が日本語に翻訳されて掲載されるものが多いです。記載内容は正確性や網羅性が高いですが、学習記事としては読みづらい面があります。

Trailhead（トレイルヘッド）

　セールスフォース社公式の学習支援サイトです。Salesforceで学習といえばこのサイトを指すことが多いです。1単元あたり数分からの知識学習や、Trailhead Playgroundと呼ばれる練習用のSalesforce環境を実際に操作して進めるハンズオンの単元があります。単元をクリアしていくとポイントやバッジがもらえ、ランクアップしていくゲーミフィケーション式でコツコツと進められるオンライン学習ドリルです。

非公式ブログ／SNS

　個人としてのセールスフォース社員やパートナー企業の企業ブログ、エンジニアやコンサルタント、Salesforce管理者が寄稿しているブログです。パートナー企業がホストし、社員が寄稿していくものや、個人の場合、エンジニアが書く技術系記事はQiitaやZennといったサービスに、セールスフォース社員の人やAdminの人はnoteといったブログサービスに寄稿することが多いです。

　それぞれ検索してもヒットしやすいです。X（旧Twitter）などのSNSで新着記事を寄稿者が拡散してお知らせしてくれることが多く、Salesforce関係の人を多くフォローしておくと、よいニュースフィードになるためおすすめです。

　公式が回答できない緩い仮説、新機能／不具合かどうか怪しい動作、製品の制約をうまく扱うためのトンチの効いた工夫など、実務上は必要になる知識が見つかります。英語で検索すると海外の管理者の情報もヒットします。

3

Salesforceの学び方

公式セミナー／ウェビナー

　公式が無償で提供しているセミナーやオンラインセミナーです。営業や
マーケティング活動として展開されているユーザ事例のものは、のちほど
セールスから連絡があるかもしれませんが、わかりやすく参考になるため活
用しましょう。資格受験向けの集中講座や、開発者向け、新機能のサマリ版
紹介など、もっと細かい技術や使い方レベルのオンラインウェビナーなどは
有用性が高いです。時間を確保すれば受け身で情報をインプットできるため、
能動的な継続学習に疲れているときは活用しましょう。イベント情報につい
て、サクセスナビやSalesforceカスタマーサクセスグループの公式SNSアカ
ウントなどから確認できます。

Trailblazer Community ／コミュニティ活動

　公式サポートへの問い合わせと異なり、横のつながりによってユーザの問
題解決を支援するしくみです。Salesforceが公式で提供するオンラインのコ
ミュニティサイトおよび、ユーザや開発者など参加者が主体で運営するコ
ミュニティグループの活動が代表的です。コミュニティサイトはログインや
プロフィールの登録が必要で、利用開始の作業やコミュニケーションなど、
ハードルはやや高めです。

　身近で実践的な有用なナレッジが多くディスカッションされており、直近
のアップデートにおける注意事項の確認や、質問を投げ込むとセールス
フォース社・ユーザ企業・パートナー企業の中でSalesforceに関わっている
仲間からの回答やアドバイスがサッともらえることも多いです。

　同様に、オンラインやオフラインでの勉強会をコミュニティのメンバーが
主催して開催してくれる機会もあり、人と話す中でうまく言語化できないあ
いまいな課題を明確にしたり、悩みを共有してともに考えたりもできます。

コミュニティイベント

　コミュニティが開催するWebや現地でのセミナーや勉強会、もくもく会と
いったイベントです。セールスフォース社が後押しする形で、さまざまな切
り口のコミュニティがあります。管理者向け、開発者向け、女性向け、関西
など各地域向け、休日に集まって勉強するもの、年に1回コミュニティ全体
で開催する大がかりなイベントもあります。原則、社内に仲間や自分の師匠
を見つけるのが難しい専門職のため、社外での出会いや関係性構築は必須の
情報源ともいえます。

3-5 おすすめの初期学習法

　Salesforceはなんとなくユーザとしてふれていたり、業界的に関わりがあったり、自社でいつの間にか契約が決まったりで、漠然と知っているという状態から学習の必要性に駆られることが多いです。そのため、「効率的・体系的に学ぶのによい方法・教材などありますか？」という質問をよくもらいます。

　これまで解説したとおり、それぞれの会社と実務に即して考えると、必要な学び方は多様で、一概に示しづらいものがあります。とはいえ、立ち上がりの観点では、いくつかおさえてほしいものやおすすめのものがあります。2023年11月時点での情報のため、細かくは最新の情報や類似のものを探してください。定番と考えている初期の学習コンテンツについて紹介しておきます。Web上でさまざまな有識者が紹介するものと合わせて、初期学習の参考としてください。

◆初期学習のポイント

　Salesforceについて少し調べたり人に聞いたりした方は、Salesforceの学習といえばTrailheadというサイトをご存知でしょう（3-4にて前述）。セールスフォース社や業界に一定期間いる方からすれば、管理者向けの知識／スキルアップのツールとして代表的に紹介するサービスとなっており、おすすめされることも多いと思います。大学や研修会社のような、大きな講義を受け身中心でインプットする手法と異なり、ひとつひとつの単元が小さく区切られ、少しずつ時間をとって学びつつ、ポイントやバッジといった修了証を積み上げていくゲーミフィケーション式の優れたツールです。

　しかし、まず初期のSalesforceそのものを知る／触ってみるというニーズからすると、次の理由からとっかかりには向かないと考えます。

- コンテンツが英語からの**翻訳**のものが多く、あまり日本人にとってやさしい文章ではない[注1]。
- 単元（モジュール）が1,000件近くと非常に多く、手のつけ方がわかりづらい。

注1）もともとが米国カルチャー・ノリで記載されているため、翻訳したとしても日本語の文章として不自然な表現が多かったりして内容が頭に入ってきづらい。

Salesforceの学び方

- 練習用のSalesforce環境（プレイグラウンド）を利用して、課題の合否判定をシステムが行なってくれる。ただし、「言語を日本語設定にすると課題をクリアできないものがある」という仕様やバグなどで学習を進められないときがあり、つまずいてしまいやすい。課題への回答の何がまちがっているかわからないという本質的ではない点で時間を浪費してしまう。

そこで、次の3つのアクションを並行で計画するのがよいと考えます。

- SFAとしてのSalesforceの理解（短期～中期）【知る】【優先度高】
- Admin資格レベルの知識習得（短期）【知る／わかる／できる】【優先度中】
- Salesforce環境と実務の理解（中～長期）【できる／わかち合う】【優先度中／重要度最高】

◆SFAとしてのSalesforceの理解

前述のとおり、Trailheadやユーザ向けのコミュニティサイトなどはありますが、とっかかるには重いことと、情報量が多すぎたり、バグや誤りがあったりで、初手でくじかれてしまう恐れがあります。

まずは、**サクセスナビ**（https://successjp.salesforce.com/）で、テキストや資料、動画ベースの情報をざっとインプットすることを強くおすすめします。少し索引を調べて見るだけでも、学習の対象として有意義な記事が揃ってるいることがわかります。公式ヘルプの読みにくさや、Trailhead／コミュニティサイトへのハードルから、裾野が大きく、自力未経験での導入プロジェクトとなることが多い中小企業のセルフオンボーディングが失敗していることを課題に、セールスフォース社のカスタマーサクセスグループが提供しているサイトです。筆者も企画／開発に参画しました。有用な記事、よいまとめ資料などが多く落ちていますので、困ったらサクセスナビへ学習に戻るようにしてもらえればと思います。とはいえ、記事の内容も多いので、いくつかとっかかりによいコンテンツをあげておきます。

はじめてガイド

ざっとSalesforceを理解するにはよい読み物だと思います。「Salesforceとは」の記事では、5分程の動画が見られます[注2]。Salesforce契約社に送られる「Welcome Kit」というオンボーディング冊子／ワークシートに記載されているような活用に向けての全般的なお話がわかります。冒頭の動画以外は、ざっと30分程度で全体を流し読みするくらいでよいと思います。はじめてガイドの後半は具体の設定や細かな設計に一部入るので、前半だけでも時間とって確認しましょう。

営業部門のためのSalesforce基礎

少し画面や使っている機能は古かったりしますが、SalesforceのSFA提案の基本系である"SonS"[注3]がおさえられます。契約検討や導入や活用支援で、セールスフォース社と会話するときにも、彼らがイメージするSalesforceの活用方法の軸となっているものとしておさえると、会話もより濃くなると思います。

Salesforce Administrator資格（Admin資格）レベルの知識取得

資格取得は営業実務レベルと紐づけることがなかなか難しい部分です。動画や記事でSalesforceの活用や営業マネジメントのイメージがついても、Adminの知識領域はカバーできません。日常的で地道な部分ですが、営業の業務プロセス改善に関わる部分だけでなく、ログイントラブル対処やアカウントロック解除、権限設定などのユーザ管理、画面カスタマイズも登場します[注4]。

実際に合格を目指す場合は、Salesforce管理者の実務を通して得た知識やスキルだけでなく、より網羅的な"試験対策"が必要です。資格取得を目指す場合は、ある程度対策用の勉強として割り切った学習と時間確保も大事になってきます。資格取得は目標として学習のモチベーションにも寄与しますし、取得すれば履歴書にも載せられますし、学び続ける自信にもなります。

おすすめ学習法としては次のとおりです。

注2）メールアドレスの入力が必要だが営業はこない。

注3）エスオンエス。「Salesforce on Salesforce」の略で、セールスフォース社におけるSalesforceの使い方、活用事例のこと。

注4）むしろAdminの上位資格にあるSales Cloudコンサルタントのほうが、営業マネジメントの感覚を求められる設問が多く出てくる。

Salesforce Platform ハンズオンセミナーへの参加

　定期的にSNSでも紹介していますが、意外と注目されていないのがこちらです。「Salesforce Platform ハンズオンセミナー」などでWebを検索すればたどり着けます。公式にて頻繁に開催されているハンズオンセミナーです。このセミナーを受けることで、Salesforceの練習用本番類似環境であるDeveloper Editionを取得し、簡単なアプリケーションの開発まで一気にやれます。手元に今後も使える勉強環境が残り、基本的なカスタマイズ設定を網羅的にふれるので、たった数時間、少しだけがんばってこれを早めにやっておくのがおすすめです。何も知らない、プログラミングもできない状態からでも、数時間後には自分で作ったアプリケーション、画面、機能が動いている状態にできるため、モチベーションアップにつながります。どうやって画面を作るのか、項目やレイアウトを変えるのはどうすればいいのか、どうやって入力制御や承認などの機能を作るのか、そういった基本的なSalesforceでのアプリケーションの作り方がわかりますので、早めにスケジュールを調整し、受講しましょう。

■セールスフォース社公式サイトより
「Lightning Platform ハンズオンセミナー」で検索。開催概要の確認や申し込みが行える。

模擬試験問題で対策

　Salesforceの資格試験は、検索すると海外や国内のパートナーや個人が模擬的な問題を公開してくれているものも見つかったりします。それらも情報

も参考にできます（Salesforce外の第三者が発信する情報ですので精度や鮮度に注意しつつ活用しましょう）。

　最も基本的な資格として認定Administrator資格というのがあり、そちらの模擬試験がSalesforce公式にも公開されていますので、ご紹介します。2023年11月現在、「Administrator Practice Test」などで検索すると見つけることができます。英語コンテンツにはなりますので、ChromeなどPCブラウザの翻訳機能をつけて挑んでみるとよいでしょう。わからなかった問題やそのキーワードや機能について、TrailheadやHelpなどの個別に掘り下げるツールで補完していけるため、効率的です。ハンズオンセミナーで使った環境（Developer Edition環境）についても、ここで学習する機能を試したり、活用例を考えたりするときに活きてきます。

■Administrator Practice Test

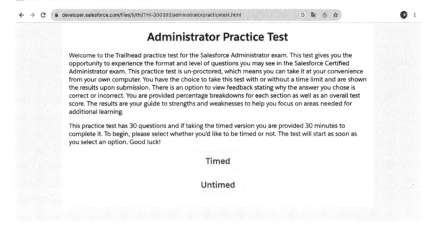

　また、実際に資格取得を目指す場合、Salesforce公式サイトの資格試験の説明ページを見ることをおすすめします。各試験別にスタディガイド（Study Guide）というものが提供されており、出題範囲が掲載されています。その単元のキーワードごとにヘルプなどで機能をおさえ、実機で動作を確認していきましょう。おすすめのTrailheadなどの学習パスも載っているので、それをこなしたりすることも、最短距離で管理者向け知識と試験対策を同時に進めるうえでは有効です。

◆Salesforce環境と実務の理解

　SalesforceのSFAや標準的なカスタマイズの機能が理解できると、現場ごとの実務や活用方法のちがい、事例などの情報も頭に入ってきます。Salesforceは非常に拡張性が高いツールで、ユーザ企業ごとに独自のカスタマイズが入っていることが多いため、ユーザ企業ごとの実務や使い方のバリエーションを知っておくことで、一般／標準的な機能にとらわれず、管理対象となる会社の事業におけるSalesforce上の取り組みとして必要なことや、今後Salesforceが適用できそうな業務なども見えてきます。中長期の展望をぼやっと持っておくためにも、初学段階で意識しておきましょう。

活用チャンピオン大会 SFUG CUP

　Salesforceコミュニティイベントのうち、最も熱狂的なのがこちらです。過去何回も開催されているイベントで、動画などのアーカイブも見ることができます。「活用チャンピオン大会」や「SFUG CUP（エスエフユージーカップ）」などで検索してみましょう。多くの候補者予選を通過したユーザ企業のプレゼンターからかなり使い込んだ事例が出てきますので、活用度のアッパー層や、変化球的な活用の幅、Salesforceの話ではない各社ごとの事情やストーリーを知るのに勉強になります。何より、資料もトークも熱量あり、コンテンツとして楽しめますし、自社のSalesforce管理について考えるモチベーションや目標にもなるかもしれません。自社の環境にすぐ盛り込めそうな小技も見かけることがあります。さっそく試してみましょう。

ユーザ事例

　セールスフォース社ホームページの事例ページにもいろいろな企業の情報があります。こちらはマーケティング向けの事例となっており、Salesforce管理者の視点では実用的な情報が読み取りづらい面があります。サクセスナビ上にて「ユーザ講演事例」などで検索して、見つかる動画の中で類似する業種のお客様がいれば確認してみましょう。使い方やビジネス上の成果だけでなく、発生していた営業上の課題や解決のアプローチなど、深い事例紹介が解説されているため、参考になるかと思います。

ユーザコミュニティの開催イベント

サクセスナビ内のコミュニティメニューから、"Trailblazer Community" のページにアクセスしましょう。近日開催予定のイベントがずらっと並びます。

手元の機能や設定の学習はWebに情報がある、実機があるといっても、実務と並行して学習の時間をとるのは億劫なことも多いでしょう。そんなときは、イベントへの申込によって学習の予定を組み上げ、業務とのバランスを見ながら自分のカレンダーを埋めていきましょう。

セールスフォース社の営業担当を頼る

セールスフォース社は日常的に自社のSalesforce環境を利用しながら営業活動を行ったり、それを実例として紹介していますし、長年培ってきた多くの事例、デモ、資料といったナレッジを保有しています。知りたいことや悩みなど、管理者として何か直近の課題や、やりたくて悩んでいることが言語化できるようになってきたら、定例などの打ち合わせに同席、または個別に打ち合わせを依頼し、セールスフォース社の営業担当に質問してみるのは有用です。Salesforceは組織的に営業し、活用を支援する企業です。営業担当者を起点として、CS担当や各製品別の営業担当、技術担当者など、さまざまな関係者とのパスをコーディネートしてくれる可能性があります。経営陣とセールスフォース社との商談で契約がまとまることもあるため、管理者を任された方からすると、現場レベルの相談をするイメージが湧かないかもしれませんが、とてももったいないことです。

Salesforceはユーザライセンス数と期間のかけ算で契約を行うサブスクリプション型のサービスです。ユーザ企業内での活用が進めば、セールスフォース社も継続的に売上も上がり、ユーザ企業の社員が増えれば、セールスフォース社に発注するユーザライセンス数も増えていくため、Win-Winの関係が構築できます。逆にいえば、次の更新のタイミングで解約や縮小がされると、セールスフォース社にとってのビジネスも縮小します。Salesforceの利活用を現場で推進・実行する管理者のみなさんは、セールスフォース社にとっても超重要なステークホルダーの1人になりますので、ぜひこちらからきっかけを作り、セールスフォース社とのコミュニケーションを主体的に展開していきましょう（ただし丸投げは禁物です）。

第2部
現状の会社とビジネスについて考える

　会社として、製品として、機能としての"Salesforce"についてや、学習の向き合い方、学習リソースの選び取り方を整理してきました。

　ここからは、Salesforceを導入し、管理するという取り組みの"目的語"である"会社のビジネス"に目を向けていきます。すでに目の前に動いているSalesforceがあって日々の運用作業が始まっている方、指示されたタスクに追われている方もいるかもしれませんが、Salesforceをどう使うか、どんな知識や技術を使うかも目的次第のため、ここは避けて通れません。あらためて、自社のビジネスや組織や業務に視線を向け、Salesforceで何ができるだろうか、そのための課題はなんだろうかについて考えを持っておくことで、日常的な管理者業務や中長期的な活動における振る舞いも変わってくるはずです。

　多くの企業の担当者は「自社のビジネス・業務は特殊だ」と考えており、Salesforceをどう適用するかについては、正直なところ不安があったり、とらえどころがなく、現場や経営者の要求に応えてSalesforceをいじるばかりになりがちです。そこで、Salesforceの"標準"や"本質"の解説によって、Salesforceの基本的な作りや思想との差分を確認したり、自社のビジネス・業務の現状をあらためて振り返ることで、"Salesforceの適用、適応"のイメージをつけていきます。

第4章

Salesforce の標準的な
モデルをおさえる

　目の前で動いている自社のSalesforceの管理業務に踏み出す前に、目的と現状について解像度を高くする必要があります。ここがぼんやりしていると、管理者として成果をあげるための課題が見えず、何を優先してSalesforceを管理していけばよいか、どのように活用をうながして成果を出していけばよいかがわからず、日々作業に追われることになります。

　本章では、目的（≒ゴール）のヒントとなるSalesforceの標準、つまり基本的な機能やその利用シーン（業務）の想定について解説します。多くの企業が導入を決定するにいたったSalesforceの"標準"とは何なのか、標準的な機能を活用するための前提となる製品思想、ビジネス／業務設計とは何なのかを考えていきます。

4-1 そもそもSalesforce適用のねらいは
なんだったか

　突然ですが、みなさんの会社のSalesforce導入アプローチとして当てはまるのは、次のうちどれでしょうか。

　大きく次の3つに分けられると思います。

1. Salesforce（A）のノウハウそのまま使って、自社（B）の業務プロセスを改革したい（B→A）
2. 自社のビジネスに最適化した強みある業務プロセスをIT化して、生産性を高めたい（B→B'）
3. Salesforceのノウハウを参考に、自社のビジネスや業務プロセスを変革したい（B×A→C）

■ Salesforce 導入のアプローチ

1. 自社（B）→
　 Salesforce（A）
Salesforce の型をリスペクトし
て業務運用を変更、一から構築

┌─────────────┐
│ 自社の現状業務 │
│ と型 │
└─────────────┘
　　　　▼
┌─────────────┐
│ Salesforce の型 │
│ と新業務 │
└─────────────┘

2. 自社（B）→B'
自社の独自性は残して、主にテ
クノロジーの利点を利用し改善

┌─────────────┐
│ 自社の独自業務と │
│ 強みある型 │
└─────────────┘
　　　　▼
┌─────────────┐
│ IT 化により │
│ 改善された │
│ 新業務 │
└─────────────┘

3. 自社（B）×
　 Salesforce（A）=C
Salesforce の型を利用しつつ、
柔軟性を活用して自社に Fit

┌─────────────┐
│ 自社の現状業務 │
│ と型 │
└─────────────┘
　　　　▼
┌─────────────┐
│ Salesforce を │
│ 参考にした型と │
│ 新業務 │
└─────────────┘
　　　　▲
┌─────────────┐
│ Salesforce の型 │
└─────────────┘

1. 自社（B）→ Salesforce（A）

　まずは、1についてです。昨今は、このアプローチをイメージに持って導入されるケースが多いように思います。サブスクリプション型ビジネスの新規事業やスタートアップが増えており、その経営層中心に Salesforce の The Model 型組織・ビジネスプロセスへ注目が集まっているためです。

　実は日本において、2010年代初頭頃までは Sales Cloud（SFA 機能）の販売は非常に苦戦していた印象があります。Salesforce の SFA 機能がより高い価値を発揮するためには、SFA に即した合理的な経営の考え方や意思決定が前提として必要となるからです。例えば、マーケティングや営業活動を一連のプロセスで管理することであったり、また結果だけを追わず入力されたデータをもとにプロセスを評価すること、データによって日々の業務や管理方法を変えることが必要です。突き詰めると、企業にとっては組織体系、会議の仕方、人事評価の仕方など、制度面や企業文化にいたるまで、従来のやり方を大きく変える必要が出てくるため、既存業務の延長で IT を活用するというよりは“変革そのもの”、**チェンジマネジメント**への機運が必要です。

　2010年代後半から2020年代にかけては、世界情勢や新型コロナウイルス感染症問題など外部環境の変化が顕著になったこともあり、各企業はより再現性のある業務の型作りや、人事／組織戦略自体の見直し、データドリブンなマネジメント、アジャイルな業務の改善など、過去の経験が活きないことを前提に“変化／変革”への関心が高まりました。これによって、Salesforce の活用や効果発揮の土壌としては比較的よい時代となったといえるでしょ

う。管理者にとっても、Salesforceの業務への適用にあたって"Salesforceを変えるのか、会社の組織や業務を変えるのか"という点を、会社全体として考えてもらえる機運があるのは追い風です。

　一方、1の場合、例えば自社のビジネスがサブスクリプション型だからといって、同種であるセールスフォース社のノウハウがそのまま活きるかというと、そうではありません。営業リソースのマンパワーも営業組織の設計や役割定義も異なったりすると、なかなかそのままというわけにもいかないからです。いったん真似をすることはできても、その先に出てくる自社独自の課題への対応は、自社で解決する必要があります。「うちは自社のやり方を押し通すのではなく、全部捨ててSalesforceの型に合わせて変わるのだ」というのは、気概としては頼もしいものの、一定の思考停止も含んでいる可能性があります。

2. 自社（B）→B'

　次に、2のアプローチについてです。特定業界でのニッチトップ系の企業など、独自の強みを持っている企業で見かけます。特定業界での認知度や独自性のある強みなどについては、標準化してしまうとむしろパワーが落ちるようなケースが多く、こうした企業は抜本的に変革するというよりも、独自業務やビジネスモデルゆえにパッケージがはまらなかったことで増えてしまったExcelやAccessなどによるアナログで非効率かつリスクのあるしくみから脱却し、Salesforceのプラットフォームを活用して全体の生産性向上を目指すというケースもあるかもしれません。

　このアプローチの場合、独自の強みあるプロセスが、Salesforceを使ううえでの障害となる可能性があります。例えば、Sales Cloudなどを使う場合に、SFAパッケージとしての制約が現行業務と合わず、標準で用意されている機能や、バージョンアップで提供される機能の恩恵が十分に受けられない可能性もあります。製品選定に正解はありませんが、独自の業務アプリケーションを構築するのであれば、Salesforce Platformだけを使ったり、他社製品でいえばkintoneやAirtable、AppSheetなどPaaSを活用したシステム構築のほうが最適化の選択肢も多くなります。

3. 自社（B）× Salesforce（A）＝ C

　最後に3のアプローチについてです。1や2に解説したような事情もあり、

Salesforceユーザ企業の多くはまるっとSalesforceに置き換えるのでも、自社業務をしっかり活かすのでもなく、3のアプローチでSalesforceの活用を検討、実行していくというスタンスになるはずです。とはいえ、本心としては3のスタンスであるにもかかわらず、1や2のスタンスで設計や運用に臨んでしまうユーザ企業はあとを絶ちません。

　例えば、3を目指すはずが1のスタンスに陥ってしまうケースをあげます。セールスフォース社の中小企業マーケットにおける成功例として有名な組織モデルや、オペレーションモデルである"The Model"（ザ・モデル）を自社でもやるぞというパターンです。自社への適用方法や本来のねらいについて解像度が上がらずに、とりあえず型だけ真似して管理だけがスタートします。数字がプロセスや部署ごとになんとなく可視化されたものの、各部署やプロセスごとの改善はなされず、「マーケががんばって見込客を増やす必要がある」、「営業を増やして受注を増やす必要がある」というように、課題をほかのプロセスに転嫁するような安易な結論しかだせず、投資や人的リソース不足を理由に生産性の改善が進まないという事態が発生します。解約率を見ると、受注時の取り方が悪い、受注率を見るとマーケからのリードの質が低いと上流に課題が送られてしまうパターンはよく見られます。

　また、3を目指すはずが2に陥ってしまうケースをあげてみます。Salesforce導入における目的よりも、部分的なオペレーションの効率性にこだわってしまうパターンです。Salesforceの基本的な機能やカスタマイズを理解しないために、現行を踏襲した業務フローや既存システムの画面機能を意図せず要求してしまうケースがよく見られます。人は変化をいやがるということや、変化によって生産性が下がる部分もあるというのは、多くの人が頭では理解していますが、それでも許容できる／できないのラインは人それぞれ異なります。社内人員だけでは難しい専門的で高度な開発機能が発生したことで、導入期間が長くなったり、構築したあとのシステムに追加機能を入れるときのスピードが遅くなったり、プログラムのバグによる不具合対応や問い合わせが多く発生してしまったり、一部業務の効率性は上がったけれどコア業務の生産性が上がらず、売上や利益にインパクトのある結果が出せないということなります。

　なぜ、3を目指すためにわざわざ多くの手段の中からSalesforceを選んでいるのに、1や2のようなスタンスが混じってしまうのか。1つには、前提として存在する"Salesforceの標準、基本"への理解が不足していたり、偏って

4

Salesforceの標準的なモデルをおさえる

いたりすることが理由としてあげられます。そしてもう1つは、"自社のビジネスや課題"への理解が不足していたり偏っていたりすることです。

本章では前者を、後者は次の章で考えていきます。

経営層、管理職／マネージャー層、現場／プレイヤー層それぞれに、Salesforceシステムへの期待や自社ビジネスへの期待は異なりがちです。総合的でフラットな目線をSalesforce管理者は持つ必要があります。

4-2 そもそもSalesforceの標準機能とは 何を指すだろうか

Salesforceのコアサービスというのは、一般のITサービスの観点で分類すると次のようなレイヤー構成になっています。

- "PaaS"アプリケーション開発／実行基盤としての"PaaS"のサービスをベースとしている
- PaaSの中でも、aPaaSとして独自のアプリケーションを、プログラミングをほぼせずに実現できる"ノーコード／ローコード開発基盤"としての特徴を持っている
- セールスフォース社独自のノウハウと思想が入った"SFAなどの業務アプリケーション機能"がある

■ Salesforceのコアサービス

PaaSとして
プログラミングによる開発／拡張や、外部システムとのマッシュアップなど
アプリケーションの開発および実行基盤上で独自システムを構築できる

aPaaSとして
（application PaaS: PaaSの一種）
プログラミングをほぼ使わずに、用意された拡張機能の
範囲で機能変更やアプリ構築ができる

SFAなど業務パッケージとして
例えばSales Cloudがもともと想定して
いる業務と機能とデータ構造

狭義の標準機能 ←——→ 広義の標準機能

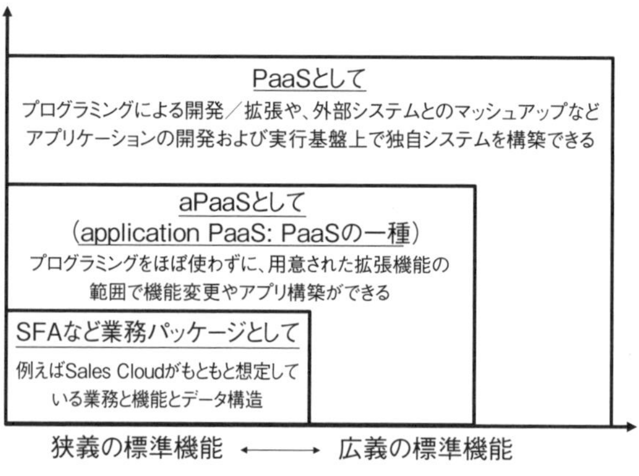

Salesforceのエッセンスや強みを活かしつつ、自社のビジネスに合わせて適応するシステムを構築運用するために、Salesforce自体の標準を理解したいと考えますが、はたしてSalesforceの標準的な部分とはどこを指すのでしょうか。

Salesforceは独自言語でのプログラミング拡張が可能なプラットフォームとしての拡張性も多く持っています。そのようなPaaSとしての機能を"標準機能"と呼ぶ方はほぼいないかと思います。そのため、Salesforce導入のねらいの1つでもある"標準機能"については大きく2つの定義があると考えられます。

- 【狭義】セールスフォース社がノウハウとして提唱し提供する基本的な機能と使い方（SFAパッケージとして）
- 【広義】Salesforceが汎用／拡張製品として多くの企業へ提供するための標準的なカスタマイズ機能（aPaaSとして）

Salesforceの開発者やコンサルタント、資格学習などによって機能学習を進めている方は、よく広義のものを標準機能として認識します。現場ユーザやクライアントからは、SalesforceもSFAもよく理解しないまま、使い勝手などに関して多くの要望を管理者に寄せます。そのため、多様な要望を叶えるために"いかに多くの拡張手法を取得するか"が、Salesfore管理者／開発者の価値だと考えてしまいがちです。このような環境にある管理者は、日々一生懸命にTrailheadなどでSalesforceでのアプリケーション構築や拡張のための機能を学習して、広義のSalesforceについて理解を深めようとします。

確かに、ノーコード／ローコードでのカスタマイズ機能を使って業務要求に柔軟に応えられれば、今後の保守運用安定化や体制構築の面でも難易度をおさえられますので、非常に大事な研鑽活動です。一方で、"Salesforceの標準を使う"、"Salesforceの標準機能に寄せる"とは、それだけのことを指すのでしょうか。

筆者自身、Salesforce導入支援の立場を10年ほど経験し、多くの企業のSalesforce環境の導入や運用／定着化支援をしてきたのにもかかわらず、その後セールスフォース社への転職や、その後の独立によって多くのユーザ企業と話すにつれ、いかに自身がSalesforceの基本を知らなかったか思い知らされた経験があります。広義のSalesforce標準に精通することを価値として

いたため、データベースや画面が用意されていて、柔軟にカスタマイズしたり、開発して自由に素早くアプリケーションが作れるプラットフォームだと思っていたのです。カスタマイズを覚えることであまりにも多くの要望が満たせてしまうため、"そもそも情報の一元化はなぜ嬉しいのか"、"プロセス管理と可視化によってマネジメントがどう変わり、成果があがるのか"といった本質的な点については腹落ちせずに過ごしていました。

　狭義の標準機能、つまりSalesforceが持つビジネスや業務設計、そして標準機能に込められた哲学や思想、細かな工夫などはなかなか意識されることがありません。むしろ、拡張するときには標準で用意された画面や項目は癖があって扱いづらいとさえ思ってしまいます。製品側を理解せずに、ユーザ企業の固有の要件実装に執着するばかりでした。

　実際、Salesforce構築経験が豊富で広義の標準機能に長けたパートナー企業が初期構築や運用に入っているユーザ企業においては、SFA機能の標準として用意されているものを、あえてカスタムで作っているパターンも多く見受けられました。初期構築を担当するパートナー企業からすると、ユーザ企業固有の特殊な要求が構築を進めたあとから判明するリスクがあり、そのときに使い方や機能が固まってしまっている狭義の標準機能を活用するよりも、カスタマイズできる余地を多く残したほうが得策になってしまうためです。ただし、製品側もビジネス側も変化が多く陳腐化も早いので、当時のカスタムの仕方が現行業務や技術と合わないことが出てきたり、次のフェーズへとシステムを拡張するときに弊害が出てきてしまうなど、中長期目線で考えると"狭義の標準機能"に合わせておくことが重要だったとなるパターンも少なくありません。

　"どうやって実装するか"という技術ばかりを追って日々を過ごすと時間がたりません。今あるものに目を向けて考えるアプローチも同時に必要です。ひとつひとつのカスタマイズ機能はあくまで手段（How）です。これらは走りながら、ニーズが発生したタイミングでキャッチアップすることが十分可能です。そのために、Trailheadのようなゲーミフィケーション型のドリル学習ツールやサクセスナビ、多くのWeb上の情報、無料セミナー、勉強会、コミュニティ活動などのリソースを頼りましょう。

　一方で、狭義の標準機能は、Salesforceの営業コンサルティングナレッジとして、ビジネス・業務・機能ひとまとまりに圧縮されたナレッジであるので、走りながらかじるような学習では断片的にしか習得できません。The

Modelのように部分的、表面的なナレッジだけ取り上げても、ケースの異なる自社への適応のさせ方がわからないということになりやすいです。

　広義の標準機能ばかり勉強して手段ばかり増やすと、闇雲にSalesforceと会社の実務とのギャップをカスタマイズで埋めて進み続け、永遠に新機能や広がりすぎる手段の学習から抜け出せず、ユーザから寄せられる機能の変更要望は断りきれず、魔改造が進み、Salesforceを自社のものとして活用する段階に進めません。機能や画面や操作、カスタマイズをどうやってやるかといった枝葉の前に、Salesforceの主要製品であるSales Cloudがどんな組織、業務、データモデル、データ活用、マネジメントプロセスを想定して作られているかを知ること、つまり"狭義の標準機能を理解する"ということが重要になってきます。

4-3 "機能"で善し悪しを判断しないために

　Salesforceをどのように作るか、標準で作るか開発して作るか、別製品を使うかといった議論をする場面は多く出てくるでしょう。そのときに注意したいのは"機能"だけの比較をしないことです。

　例えば、検索機能の善し悪しを標準機能と開発機能で見るとします。検索条件は何個設定できるか、検索結果は何件まで表示させられるかなどのちがいが出てきます。より多く設定できる、より多く表示できるほうが優れているのでしょうか。

　実際、検索機能だけでSalesforceを選定することはあまりないでしょう。しかし、逆の表現で、例えば検索結果××件までしか表示"できない"といわれると、少し不安でいやな感じがします。制限が少なく、機能が多いほうが"よりよい"という印象になってきます。このように、本来は比較すらしない重要ではないポイントだとしても、目的が定まってない中で製品や実装手段の"マイナスポイント"をあげられると、不思議とネガティブな心理が働きます。

　"できること／できないこと"だけに着目をすると、意味のある解釈や判断がしづらいです。できないことが許容できないとすると、標準を活用するのではなく、作り込む方向に揺れがちで、Salesforce管理者の仕事はより難しく・価値の出しづらい形になります。

　こんな話をすると、導入目的が定まっていて、標準機能を最大限活用することに合意できていればこんなことは起きないはずだという意見をよく伺います。しかしながら、実際にはいかにシステムの導入目的や選定基準を資料に言語化し、社内で合意をとったように見えても、蒸し返されるような議論はあとを絶ちません。現実論として、都度丁寧に議論し、価値観を合わせていく必要はあるでしょう。

　そこで、機能比較に陥ってしまい、目的を見失っているときの合意形成の考え方や議論の進め方として、機能（アウトプット）→活用（業務）→効果（アウトカム）という3つの視点をご紹介します。この3つの視点をつなげて言語化し、議論することで、善し悪しを全社の視点でフラットに議論・判断しやすくなります。

　例えば、既存システムでは検索結果が5,000件表示できるので、Salesforceでも同じことがやりたいとします。この機能は、数万件の顧客DBから特定条件に合致する対象顧客の件数をすぐ把握して、リストを作ることに活用されていました。また、それによってマーケティング施策であるイベント企画を効率的に計画できるという価値があることがわかりました。その効果（価値）にフォーカスして考えると、要はデータの母数を把握したり、リストを見ながら施策を考えるという業務ができればよいので、別の機能で代替することも許容可能であるということがわかりました。いわゆる妥協案です。既存システムに慣れ親しんだ現場的には少しいやだけれど、その機能を別製品や開発でわざわざ用意することによってかかるコストや、管理者の仕事の遅れと比べれば、妥協案は十分現実的なものとなります。むしろ、想定効果（期待する価値）に照らせば、既存の検索機能を踏襲するよりも、業務のアプローチ自体をBIによる分析抽出で省力化し、属人化させない方向に変わってもよいのかもしれません。アポ獲得や集客イベント企画をアウトソースする方向で施策を打つ場合は、機能の重要性はさらに下がります。

　このように、価値を見極めて現状あるものを使ったやり方で妥協し代替するか、業務アプローチ自体を変えて異なる効果を獲得するかといった考え方へ誘導することが、Salesforce管理者にとって重要な立ち回りになります。妥協によって失う価値が多いのか少ないのか、アプローチを変えることで何をなくして何が増えるのか、そういった単純比較ではないトレードオフを考える活動が、会社全体として"Salesforce標準に寄せるべきか"、"Salesforceをどのように活用すべきか"という問いの正体になっていきます。

■3つの視点

機能があることではなく効果があることが重要

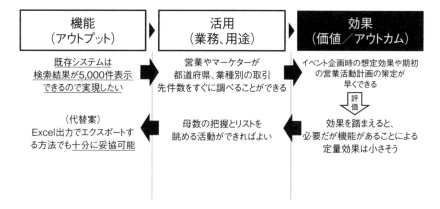

4

4-4 Salesforceコア製品の業務カバー範囲と 想定アクター

何のために（効果）、どんな業務（活用）ができるようにSalesforceのSFA標準機能が用意されているのかを知ることで、機能的な代替案を探すだけではなく、"もしかするともっと効果を出せるかもしれない別のアプローチ"が見えてくるかもしれません。

まずは機能的な話を除外し、Salesforceコア製品の活用範囲に対して想定する期待効果（アウトカム）、活用シーン（用途）ごとの施策／取り組みを図に示します。いわゆるSFA製品のように商談開始から受注までだけではなく、商談の前や受注後にかけて横方向に広い範囲のプロセスを対象にしています。また、各プロセスの効果を発揮するにあたってさまざまな施策が想定され、縦にも深さがあることがわかります。Salesforce製品が、顧客のライフサイクル全般の横方向の業務プロセスと、縦方向の施策を広範囲にカバーするものだととらえてください。

◆KGI

まずは図右上のKGIについてです。Salesforceは、基本的に成約（受注）を増やすことを価値の起点にしています。そして、最終的には特に売上、ひいては利益の向上を目指すしくみになっています。利益が向上すれば顧客へ

■標準的なSalesforce製品のカバー範囲

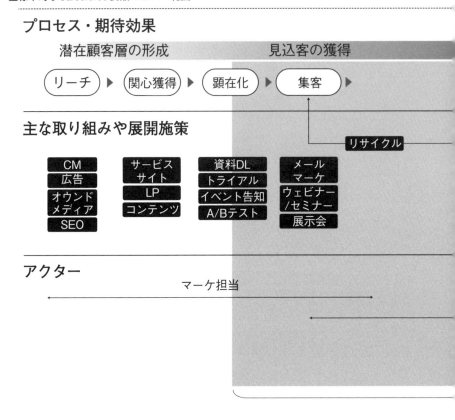

のサービス提供により注力・還元できるようになりますので、**MA**（マーケティングオートメーション）単体、SFA単体でもなく、受注UP以外のKPIに関連するあらゆるプロセスを改善して、顧客に還元できる収益を増やすしくみ全般がスコープになっています。

◆ビジネスプロセスとプロセスごとの目的（期待効果）

　図の最上段と中段についてです。受注を増やすために、商談を受注するSFA部分は軸になっていますので、商談から受注のプロセスから見ていきます。

　まずは、商談管理によって営業活動の質を向上させ、営業担当者を増やし

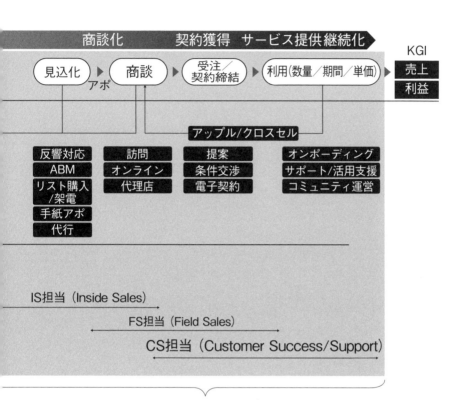

Salesforceのコア製品がカバーする業務領域

て顧客層をカバーし、受注量を増やすというのが基本戦術になります。ただし、それだけでは営業生産性が上がらない限り、いずれ効率が下がっていきます。

　次に、国内全域や海外へ販路を広げたり、同じエリアでも規模の異なる企業をターゲットにする、商品を多角化するなどの戦略変更が必要となってきます。それに対応する形で、作り上げてきた営業マテリアルを使って代理店と組んだり、高単価商材の提案、契約手続きの効率化と商談から受注のプロセスを強化する取り組み・施策を増やします（図中央段を縦に広げる）。

　そして、営業担当が忙しくなってくると、受注率の低下や商談の枯渇リスクが顕在化してきます。手が回らず質の高い集客活動や顧客フォローの活動

に手が回らなくなります。そのため、今度は上流（図左側）に遡って集客量を強化する動きを行ったり、下流（図右側）の顧客サポート業務を強化して、既存顧客の継続やリピート商談を強化します。

このようなジャーニーをへて、SFAを会社に適用したことによって、左右のプロセスへ拡大、各プロセスの施策を増やしていく必要が出てきます。そういった動きに順次拡張しながら対応できるように、Salesforceのコア製品と標準機能が設計されています。

図にあげたのはあくまで一例です。各プロセスを強化する施策については、あらゆる手段が考えられます。また、図の一番左側（網かけの外）のプロセスのように、企業やサービスのブランディング、認知といったマーケティングプロセスの最上流とは連携していく関係にあります。潜在顧客をいかにキャプチャするか（とらえる、接触する）といったプロセスからデータをつなげて管理することも想定されています。

このように、あくまで最初は受注増のための商談管理（SFA）としてSalesforceを導入したとしても、受注プロセスを強化したその先に発生する左右のプロセス課題、さらに各プロセスの上下の施策／取り組み強化の課題と“課題が広がっていくこと”を前提としてSalesforceは作られています。事業の初期段階（とにかく売るフェーズ）から、継続的な拡大・成長プロセスを構築していき、組織化してプロセスを分業し、つないでいく段階までの“組織の変化”という時間軸をあらかじめ織り込んだパッケージといえるでしょう。

◆アクター

図の最下段についてです。アクターというのは特定の職種・役割のことや業務の担当者を指します。

前述したとおり、最初は営業担当というアクター1人で、見込客へのアプローチからアフターフォローまでやっている企業でも、受注が増えれば次第に手が回らなくなっていき、変化を求められます。そのとき、人を増やして担当する、一部業務を効率化して増やす、営業担当とは別にアシスタントをつける、営業が担当するプロセスを小さくして別の職種と組織を用意するなど、さまざまな方式が考えられます。

Salesforceの場合、プロセスを分割し、担当を分け、各プロセスの専門性と効率性を高めて、各セクションが連動することで、成果を最大化させよう

という方式を採用しています。商談の発生から受注が主にフィールドセールス担当、見込客／取引先リストへのアプローチによる商談の生成がインサイドセールス担当、販売後の顧客フォローがカスタマーサクセス、そしてマーケティング担当という形で、互いに少しずつかぶさりながら分業、連動するイメージです。

　日本企業の営業組織は比較的、営業担当がホームページの問い合わせ対応から受注後のアフターフォローまで担当するような形が従来多く見られました。そのため、担当1人で引き合いからアフターフォローまでを一気通貫で実施するようなプロセスを想定している企業と、各プロセスを分業し高度化する想定のSalesforce製品とは大きなギャップがあることになります。1人の担当者が一気通貫で引き合いから提供プロセスまで見ることのよさももちろんあります。そのため、善し悪しや正解の話ではなく、あくまで業務設計の想定の話で、Salesforceの基本のアプローチとはギャップがあるという認識を持って、それをどう扱うのかを考えることが重要です。

　例えば、"現状は1人が担当する領域が広くて、いずれ組織規模が拡大するときにはSalesforceの形に合ってくる"のか、"そもそも思想として組織規模のスケールも目指してないし、高度なプロセス管理と分業体制を目指すことはない"のかといった観点です。もし後者の形であれば、例えば取引先情報のうち、確度の緩い見込の取引先だけを区別して管理する"リード"という標準機能の利用メリットがない可能性があります。

　このように、業務を細かくプロセスに分割し、それぞれを高度化して組織的に分業していくことで、全体の生産性を向上させる"型"がSalesforceの標準の想定となっています。そのため、次のような課題を持つ組織が変革を志向する場合に、非常に有意義な思想がSalesforceには含まれており、標準を参考に業務や組織を見直すうえでは相性がよいものとなっています。

- 業務プロセスが整理されておらず、営業の業務が煩雑で生産性が上がっていない
- "営業活動"の中に事務作業からアフターフォロー、緩い引き合い対応まで含まれてしまうため、情報が営業担当1人に閉じてブラックボックス化してしまう
- 管理者が営業チームをマネジメントできておらず、定例会で結果の報告だけを聞いて一喜一憂するしかできていない

4

Salesforceの標準的なモデルをおさえる

4-5 Salesforce標準が想定するアクターと 機能／データの流れ

　前述のとおり、Salesforceという製品が商談に留まらない各プロセスに対してさまざまな施策を想定し、ビジネスのKPI達成、パフォーマンス向上を目指していることがわかりました。

　SFA領域、MA領域、CS領域、それぞれ個別に競合製品などもいて、UIをはじめとして機能面で他社製品が優位見える点もあるかと思います。ただ、SFA単体、CS単体といった個別プロセスだけを磨き上げるのではなく、周辺プロセスとつなげて全体的に改善の打ち手をとれる点が、一部機能の使い勝手などでほかの製品が支持されることがあっても、全体・将来性で負けないSalesforceの強みになっています。

　Salesforceの標準的な機能の使い道、データモデルの特徴をおさえます。

■Salesforce の主な使い方

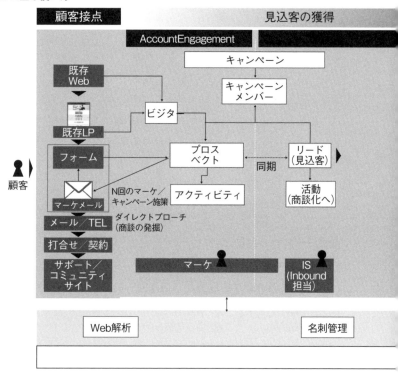

◆顧客との接点

前述のとおり、Salesforce製品は事業の課題が受注獲得から派生して、集客や既存顧客フォローまで広がる想定を持っています。そのため、未成約から契約後までの対人・デジタル含むさまざまな接点で複数のアクター（担当者）が顧客と接点を持ちます。

同一顧客に対して、顧客のプロセスごとに接点とアクターが分かれるため、それぞれのアクター同士で情報が分断されてしまうのは最悪です。各アクター間で業務がスムーズに流れ、情報が共有されていく必要があります。

◆利用する製品

見込客を獲得し、受注を増やし、継続的に取引のある得意先へと囲い込んでいく顧客管理のプロセスを、Salesforceでは次の製品が持つ機能とデータ構造で実現します。

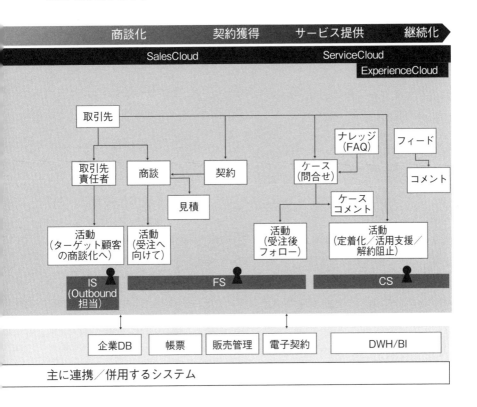

4

Salesforceの標準的なモデルをおさえる

Account Engagement

　マーケティング担当者が展開する会社のWebサイトやイベント／資料DLのフォーム、メルマガによる定期的な興味喚起といった顧客接点活動において利用します。

Sales Cloud

　見込化（イベント参加など反響があった場合）したあとのヒアリングや商談作成、提案・受注活動に利用します。

Service Cloud および Experience Cloud

　販売後のフォローアップは、問い合わせ管理などService Cloudの基本機能を応用し、Experience Cloudの機能によって適宜ログイン型のマイページサイトを顧客に提供して、よりサポート担当者と顧客がつながりやすくします。

◆業務機能とデータの流れ方

　基本的に、業務プロセスが分割されている（つまりKPIが異なる業務）場合はデータの箱が分かれます。また、データをメンテナンスするアクターが分かれる場合は、システムそのものまたはデータの箱を分けるように設計されています（インサイドセールスがリードを、フィールドセールスが商談を、といった具合）。

　業務やアクターが分かれると目的が分かれるため、同じ"顧客データ"のようなものを扱っても、欲しい情報や管理したい粒度が異なってきます。例えば、インサイドセールスは"電話やメールをかけられる企業に属する個人"を指しますし、経理担当者からすると契約や注文に対する請求先企業や事業所を指すかもしれません。また、インサイドセールスなら見込客からの商談作成量、フィールドセールスなら商談の受注量と、責務と評価を明確に分ける必要があり、責務や集計結果の解釈がコンフリクトしないねらいもあります。最終的には、各アクターが売上や利益など経営上のKGIに近い同じ指標を改善するために動くことが重要ですが、各アクターとプロセスが扱うデータは分けて、それぞれのプロセスで集計された集客や商談化などのKPIを見ていくことで、KGIの向上のための改善活動を個々のプロセスごとに進めていくことができます。

　このように、分けて、つなげて管理されたデータモデルが合わないという

場合もあると思います。フィールドセールスが取引先、取引先責任者、商談を使って商談管理をしており、まだインサイドセールスがいない組織の場合、会社のフォームから流入してきた見込客をわざわざリードという箱に分けるのは不自然であったり、業務プロセス上不便に思うかもしれません。

　すべてのデータの箱を細かく分けたり利用する必要はなく、業務プロセスとアクターに合わせて、ちょうどよい粒度で分けて活用することを考えればよいです。今は合わないけれど、ビジネスが大きく成長する場合は同じ業務フローや組織の役割分担が必要になりそうだなと考えられる場合は、先を見すえて先ほどの図のデータモデルの流れを踏襲しておくとよいかもしれません。

◆主なデータ

　Salesforceで扱うデータは、標準で用意されているものに加え、利用企業ごとにカスタムで用意することもでき、多岐にわたります。ここでは、標準で用意されているデータが、顧客管理におけるどのプロセスで利用され、どのデータと密接に関連していくのかを解説します。

取引先

　Salesforceにおける最重要かつ軸となる顧客情報（主に企業情報）を管理するデータです。Salesforce導入前から管理している自社の顧客企業データや、外部の顧客データサービスから購入したデータなどを取り込んで管理します。また、見込客であるリードと商談を開始するタイミングで、正式な顧客データとして取引先と取引先責任者データにコンバートして管理されます。

　取引先にぶら下がる形で商談や活動や契約といった多くの関連データを紐づけて管理することができるため、取引先画面で顧客を理解するための情報にアクセスできたり、関連データを積み上げ、集計して取引先のセグメント情報として利用できます。

取引先責任者

　顧客企業に属する担当者（名刺単位）のデータです。名刺管理サービスとの連携によって取り込まれたり、イベントや展示会、訪問時に受領した名刺などから情報を追加し、管理します。取引先同様、リードからの変換によっ

て生成されることがあります。また、MAツール（Account Engagement）を利用している場合、同じメールアドレスやIDを持つプロスペクトデータと自動同期で管理されることもあります。電話やメールなど連絡先の情報や部署名など、取引先と商談を進めるにあたってのコンタクトに必要なことや、役割を理解するための重要情報です。

リード

　自社にとって顧客になるかどうかはまだわからない評価中の見込客データです。Webサイトのお問い合わせフォームやイベント申込フォーム、展示会で獲得した名刺情報など、会社で実施したマーケティング施策への反響として顕在化した情報などを管理します。取引先責任者と同様、MAツール（Account Engagement）を利用している場合は、プロスペクトと同期をとる形で管理されます。取引先責任者とリードを使い分けるかどうかは、管理するデータの性質と社内の役割分担の状況によって検討します。

　データの性質として、自社が商談先としてアプローチすべき先かどうかがわからないものが多く含まれる場合や、メールアドレスだけしかわかっていない欠落したデータや、真偽不明の連絡先データなど、情報精度が緩いデータを管理したい場合、取引先および取引先責任者と分けて管理するメリットが大きくなります。また、多くの見込客を獲得するルートがあり、主に商談化を目指す担当者と受注を目指す担当者を分けている場合や、業績評価の項目を商談数と受注数で分けて行いたい場合も、リードを使うメリットが大きいです。

ビジター

　まだ名前も不明の潜在顧客データです。WebサイトやLPなどへのアクセスした当該端末／ブラウザごとのデータが管理されます。同じ端末／ブラウザでサイトにアクセスする限りは、同じビジターとしてアクセス記録が自動追跡されます。ビジターだったユーザが、あるときWebフォームを通過すると、後述のプロスペクトに昇格します。そのとき、ビジター時代にどのような経路、ページを訪問したか、滞在したかといったアクティビティ情報も引き継がれます。

プロスペクト

少なくとも一部の個人情報やメールアドレスが判明している潜在顧客や見込顧客です。ビジターだったがイベント参加フォームを通過した人や、Sales Cloudのリード／取引先責任者から同期された情報などを管理します。

アクティビティ

Webサイト閲覧やメルマガの開封状況など、プロスペクトのオンライン活動履歴です。MAツール（Account Engagement）を使って、追跡しているWebサイトの回遊履歴や送信メールの開封・クリックなどが自動で管理されます。

活動

商談や顧客などあらゆるデータに紐づけて活用できる履歴データです。リードには商談化に向けた活動を、顧客や取引先責任者には既存顧客や過去面識のある顧客への商談発掘活動を、商談には受注までの活動の履歴を記録するなど、さまざまな用途で利用します。マネージャーによる事実判断や報告の代替、後任やアシスタント向けの情報共有など、進捗の悪いデータの定性評価にも利用します。

商談

受注までのプロセスを管理するSFAの主要データです。商談の金額、完了予定日、フェーズ（進捗状況）、ネクストステップなどを管理します。受注の見込・進捗を可視化したり、ファネル分析によってフェーズ別の歩留まりなどから受注や売上の見込を予測したり、原因を分析する精度を高めることができます。営業マネージャーは多くの商談の中から金額が大きく進み具合の悪いものを見つけ出したり、取るべきアクションが漏れているものを効率的に見つけてフォローしたり、商談担当者を支援・コーチングできます。

見積

商談の中で顧客に提示する見積データです。別途販売管理システムを併用している場合は使わないこともあります。見積と見積明細を作成し、帳票を出力します。1商談で複数の見積を作成できるので、価格交渉の履歴にもなります。

4

Salesforceの標準的なモデルをおさえる

契約

　取引先から獲得した契約のデータです。過去の契約と現在有効な契約の履歴、有効期間のある取引や更新の管理をしたい場合などに利用します。Salesforce とは別に販売管理システムを併用している場合は使わないこともあります。利用シーンとして、サブスクや定期販売系のビジネスを行っているときに有用です。期間契約・自動更新のサービスや商材を販売する場合、初期の受注、追加受注、一部解約などで複数の商談を見ないと現在の契約総額がわからなかったり、自動更新の連絡や売上計上の漏れなどが起きやすい場合に、商談とは別に現時点の契約情報を整理して管理します。

ケースおよびケースコメント

　顧客から受け付けるサポート依頼やクレームなど問い合わせのデータです。Webやメール、電話など複数のチャネルからの問い合わせのプロセスとその対応履歴を管理します。

ナレッジ

　社内向けの問い合わせ回答用ナレッジ、または外部に公開するFAQページの記事データです。ケースをもとに、よくあるお問い合わせについてのナレッジ記事を作成できます。また、問い合わせ自体を減らすため、顧客向けのセルフサービスポータルサイトで解決策を検索し、自己解決してもらえるようカテゴリ別などの整理や、検索性を意識して情報を蓄積し、公開できます。蓄積データの検索性や推奨機能が優れているため、社内のサポート担当がケースの回答を調べるときにも使ったり、ナレッジの利用履歴を分析して、よく使われるナレッジを改良したり、よく検索されるキーワードのFAQ記事を充実させたりといった活用ができます。

◆よく連携／併用するシステム

　Salesforceはマーケティングや営業、サポートといった顧客管理のプロセスをカバーします。各プロセスをさらに効率化させるための周辺ツール、データを連携して顧客情報をより充実させるための関連システム、顧客からの契約や取引を記録・処理する社内業務システムなど、多くのシステムと連携をすることが想定されますので、主要なものを解説します。

Web解析系システム

　WebサイトやLPのPVからAccount Engagementでのコンバージョン（フォーム通過）の率を分析したり、流入経路の分析をするときに連携します。製品の例としてはGoogle Analyticsなどがあげられます。

名刺管理

　イベント出展が多い企業、大企業向けの活動で1取引先の複数部署を開拓して回る営業担当など、獲得する名刺が多い場合に、そのインポートや情報入力を効率化します。名刺読み取りだけであれば多くのサービスがAppExchangeにもあります。読み取った企業情報などからさらに情報を付け加えてくれるサービスもあります。

企業DB（取引先データサービス、名寄せツール）

　入力項目のゆるいフォームからの見込客、営業の手入力などで名称のゆれや古い社名など、重複する取引先と見られるものが多数発生したときに利用します。企業一覧をDBとして持っているサービスと連携することで、同一会社と見られるデータに同じIDを振ってくれて重複データのマージ作業を助けたり、統廃合や移転のときにも最新の情報を配信してくれます。

帳票

　Salesforce内のデータをもとに、帳票デザインに対してデータを埋め込んで、PDFなどのファイル形式で帳票を生成してくれるサービスです（帳票ツールは多数存在します）。

販売管理

　CRMとは異なり、見積、受注登録、在庫引き当て、出荷、納品、請求……といった販売活動から、会計システムでの計上までの間を管理するシステムです。財務会計と強く関連し、ビジネスの初期から必要で、CRMより先に導入されていることが多くあります。継ぎたしでさまざまな商品、販売価格へ対応するなど、業務遂行上非常に重要なシステムになっていることが多いため、連携やすみ分けを考えるうえでは注意して把握する必要があります。

　自社独自の業務と成長に沿って作られているため、Excel、Access、自社開発など標準化されておらず、承認ワークフローや活動日報登録など、業務の

4

Salesforceの標準的なモデルをおさえる

変化に合わせて本来分離するべきフロント業務や周辺業務も巻き込んでいることも多いです。そのため、販売管理システムとCRMのすみ分けをどうするか、連携をどうするかは大きな課題になりやすい面があります。

電子契約

受注にあたっての煩雑な契約作業を（注文書や契約書の印刷、郵送や捺印業務）を電子で回付したり、締結したりといった形で効率化できます。Salesforceと連携して商談の項目を契約書の雛形に埋め込むなど、契約書作成の効率化も図れます（DocuSign、クラウドサインなど）。

DWH／BI

CRMに限らず、大量データを時系列で集約保管したり、データを分析活用するためのシステムです。Saleforceファミリー製品にも同カテゴリの製品がありますが、IT系企業を中心に、自社のプロダクトのログなど保有するデータが多い場合は、すでに基盤としてデータの収集や分析用のシステムを導入済みなことも多くあります。Salesforce単体の分析機能で難しい場合や、Salesforceでも利用価値のある集計データ、ログデータなどがある場合もあるため、積極的に連携を検討していきたいシステムです。

Salesforceのアクター間の分担、機能やデータの分かれ方とつながりについて解説しました。また、他システムの情報を含めてどんなシステムが外出しされていて、Salesforce標準には含まれないのか（連携していく必要があるのか）といった点も含め、Salesforce標準のシステムの利用イメージやデータの形をイメージしてもらいました。

みなさんの会社の業種も規模とも関係なく、あくまでSalesforceの標準的な業務モデルやシステムとはどんなものかについて、全体的に解説していきましたので、次の章では自社にどう適応できるのかを考えていきます。

第 5 章
会社のビジネスモデルと Salesforce の適応を考える

　Salesforceの標準についての解説を読んで、あらためて自社のビジネスの流れとのちがいがあったり、またはすでに自社に導入されているSalesforceや、これから導入される方であれば現在提案を受けているSalesforceの使い方と比べ、多くのギャップがあったかと思います。商談管理1つとっても、自社は代理店販売ばかりで直販の想定が現在はないということもあるでしょうし、組織体制としてインサイドセールスやカスタマーサクセスのような形の販売プロセスの分け方は考えてもないとか、そもそも商談管理に使っていないとか、カスタムオブジェクトをメインに使っているなど、さまざまな状況があるでしょう。

　では、自社の現状やビジネスとギャップがあるからSalesforceを使う意味がないのか、またはこれから使ってない標準機能を活用できるように変えていかないと、Salesforceを使う意味がないのかというと、そうではありません。機能を使うことが重要なのではなく、効果を出すことが重要です。Salesforceの標準的なモデルを見てしまうと、組織も業務プロセスもシステムもギャップばかりになるでしょうし、無理に真似しようとしても、フィットしないことが多いです。

　ビジネスも事業も多様で変化することを前提としてSalesforceは作られているので、個社単位で見たらSalesforceが持つ機能のうち、使わない機能が多くなるのは当然のことです。重要なのは、Salesforceの標準的なモデルを支えるコアな部分である"Salesforceの本質"を自社にどう活かすかにあります。

　本章では、Salesforceの本質をとらえたうえで、自社のビジネスの特性を踏まえ、主にどのように活用していくことを目指していくべきかを考えていきます。

5-1 SFAの基本的なアプローチから理解する

第4章で紹介した"Salesforceの標準"に図解したとおり、「Salesforceは SFAだけにあらず」です。しかし、Salesforceが一部として提供するSFAの 価値がどこにあるのかを理解することが、Salesforceの本質をとらえるヒン トです。そのために、あらためてSFAの基礎的なアプローチについて解説し ます。

SFAやパイプライン管理やThe Modelなどのキーワードは、具体のやり方 ばかりが独り歩きしやすく、表面的な形式だけが取り上げられがちです。あ くまでも1つの事例にすぎない方法を正解のように思って、無理に実行に移 そうとしてしまったり、自分たちに合うよう応用できなかったりします。

Salesforceにも含まれる"SFA"の下敷きとなっている基本的な考え方を3 つあげ、あらためてSFAの基本的なアプローチを解説します。**戦略設定と予 実管理とプロセス管理**です。

■SFAの基本的なアプローチ

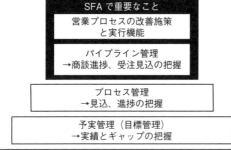

SFA以前の話として理解したい3つの基礎

予実管理とプロセス管理は戦術の基本で、一言でいえば"目標を達成する ためのマネジメント技術"です。これはSFAシステムを構築して運用するた めの基礎になります。そして、さらにこの2つの戦術を機能させるためには、 前提として戦略設定についての考え方が必要です。

5-2 戦略設定

　Salesforceには取引先データや、取引先を軸として紐づいている多くの関連データを格納するデータベースがあります。Salesforce用語でいえば"取引先レコードと関連リスト"のことです。この"顧客情報を一元化できる"ということがなぜ重要なのか、なぜ嬉しいのかについてあらためて問われると、答えがスッと出てこない方が多いのではないでしょうか。本節では、その理由の1つを解説します。

　戦略というと小難しく聞こえますが、まずはシンプルにとらえましょう。営業戦略に置き換えて、簡単にいえば"誰に"（どこで）、"何を"、"どのように"売るのかというものです。

　まず、"何を"、"どのように"の部分、つまり企業が販売する商品と売り方についてです。これらは新規のビジネス、急成長中のビジネスを除くと、おおむね決まっており、少なくとも急に変わることはありません。そのため、"誰に"、つまり"ターゲット"をいかに的確にとらえられるかは、企業の戦略をきちんと機能させるうえで、最も注力すべきポイントといえます。営業活動をいかにたくさんがんばったところで、的がずれていれば、いくら時間をかけてもなかなか受注は拾えません。ターゲットとか**ターゲティング**[注1]というと専門的な感じがしますが、例えば次のような項目を考えることです。

- 東京都内か関東全域か
- 過去に自社の商品を買ったことがある**既存顧客**か、そうでない**新規顧客**をねらうのか
- よく買ってくれている顧客か、実績の少ない顧客か

　営業担当者個人個人でも、こういったことは意識しながら営業活動を行っています。もっと身近な例でいえば、社内調整を行うときも「まずはあの人に話を通して、次の定例のときに議題にあげよう」など、人や集団の特性を踏まえて行動を考える人もいるでしょう。"市場"や"顧客"（顧客の候補）といった環境・相手に合わせて、自分の動きを適応させようとするのが戦略のベースです。創業したばかりの1名の会社に大規模な製品を持っていっても

[注1]　事業において提供する商品やサービスのターゲットとなる顧客層をを定義すること。

会社のビジネスモデルとSalesforceの適応を考える

売れないでしょうし、自社から遠い地域の企業に商品を売ろうとしても、相手企業にとっては、サポート体制の不安がネックになるでしょう。自分たちが営業活動を行って意味がある取引先に、きちんとターゲットを置いて活動をするというのは基本中の基本です。

　このとき、"自社の製品が売れる企業のリスト"というターゲティングができれば理想ですが、実際には難しいので、さまざまなな仮説にもとづいて企業を分類し、効果の期待できるアプローチ先を決めるという活動を行います。

■アプローチ先の決め方

営業戦略の3大要素	（例1）	（例2）
どこでor誰に	関東エリアの500名以下の新規取引先へ	B機器を5年以前に購入した休眠顧客に対して
何を	ドアノック商材のAを	最新機種のCを
どのように	3ヵ月無料で配布し、セミナーへ招待して有償化とクロスセルへ繋げる	競合Dからの乗り換えキャンペーンで集客し販売する

**顧客（≒市場）が分かれれば戦術も実行も機能する
一元化された顧客情報が戦略の源泉となる**

　ターゲティングに利用するデータは、大きく次の2つです。

1. 住所や従業員規模など**取引先企業自体の情報**
2. 過去の商談実績に応じた顧客の区分、購買実績をもとにして判断する顧客ランクなど、**取引先の関連データを集計することで判別できる情報**

　4-5では、Salesforceのデータモデルを解説しました。取引先という中心のデータに関連する形で、多くのデータを管理していることがわかったかと思います。さまざまなデータを取引先に紐づけて一元的に管理するというのは、この2の情報によって多様な切り口でのターゲティングを実現して、より精度の高い営業戦略を策定し、実行することに役立ってきます。もし、過去の購買実績データを販売管理システムからSalesforceに連携できていれば、そ

れをもとに**RFM分析**注2を行い、自社にとっての取引先ごとの顧客ランクを決め、ランクに応じた営業プランとそのターゲットリストを出力するということも一瞬できます。

　次の節以降で解説する、"目標達成のためのマネジメント技術"である予実管理やプロセス管理も、そもそも向かうべきターゲットの情報が枯渇していれば、どうマネジメントをがんばっても達成は難しいでしょう。ターゲットやポジショニングを決める過程では、多くの調査などや分析手法、仮説が使われ、決定されます。ただ、多くのSalesforce管理者にとっては、営業戦略自体を決めることから考えることは少なく、すでにターゲットに沿って業務が行われている状態からスタートするかと思います。まずは、現状の自社の営業戦略とターゲットがどう設定されているかについてあらためて理解しましょう。Salesforceの活用が進んでいくと、管理者のみなさんもいずれこの戦略を変更／調整するプロセスから関わっていくことになります。

5-3 予実管理

　大まかな戦略とターゲットが決まれば、あとは実行するのみです。戦略の継続や変更の判断のためにも、その後の実行結果を管理し評価するしくみ、つまり予実の管理が必要です。基本的なことに思えますが、予定（目標）の設定と実績管理をせずに、業務を改善しようとする現場は意外に多くあります。改めて予実管理についておさらいしましょう。

◆予実管理の概要

　SFAの前提として重要となるマネジメント技術の基礎が、次に紹介する"予実管理"です。予算（＝目標）と、実績の差分や進捗状況を追うことで、コントロールが難しい目標に向かって日々活動を調整し、結果として目標を達成しようとする考え方です。

　企業には事業活動のミッションと、それに沿った会社の中長期的な目標があります。そして、今年1年や半期などの短期の目標につながっています。短期的な目標を達成し続けることで、中期的な目標や企業としてのミッションも達成されることを目指す形になっています。そのため、目標を設定し、実

注2）　最新購買日や購入頻度、購入金額の情報を使って顧客を分類し戦略に活かすこと。

績を確認し、差分を評価・管理してアクションを調整していくというのは、あらゆるマネジメントの考え方の基本中の基本です。

予実管理自体は人事評価にも使われますので、非常に身近な手法です。会社の目標達成とその実行を担う社員の目標達成が擦りあっている必要があるので、多くの企業では個人単位の人事評価においても目標管理のしくみがベースとして採用されており、会社の設定する業績目標とも連動していることが多いかと思います。日本企業ではMBO（Management by Objectives）がよく使われますし、Googleが使っていることで有名なOKRもその1つです。

ちなみに、Salesforceが提唱する**V2MOM**（Vision、Values、Methods、Obstacles、Measuresの頭文字）は、ビジョンからアクションプランと目標に落とし込むフレームで、CEOのV2MOMをブレイクダウンして部下、そのまた部下と、末端社員まで関連した目標で互いにつながるように設定されます。

さまざまな要素がありますが、ここでは単純に数値目標と実績の差分を管理し状況を把握することとシンプルに理解すれば大丈夫です。

みなさんの会社のSalesforceでは、どんな目標を管理し、実績を達成するために使われているでしょうか。

予実管理のやり方はシンプルです。予算（目標）があって、実績が測定できれば始められます。売上でも粗利でも受注でもかまわないので、達成したい予算を用意し、立てます。1年間（期末まで）での目標があったとして、期初（初日）は当然実績と目標のギャップが大きくなります。達成できそうなのか、難しそうなのか、よいのか悪いのかはまだピンときません。そのため、現在から期日までの間の短期目標（中間目標）を定めて、どのように達成していくのか（図では年間目標に対して月次の短期目標）を設定します。

短期目標が見えると、短期的なギャップ、年間目標とのギャップ（最終的に追うべきギャップ）が把握できるようになります。期末の目標を期初から緊張感を持って意識するのは難しいので、短期的なギャップを充足し続けることで、期末の最終的な目標とのギャップが充足されるように設計することがポイントです。

■予実管理の概要

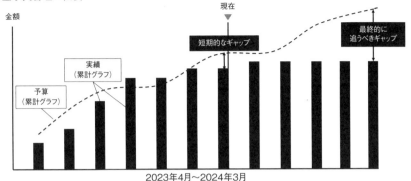

単純に右肩上がりで単純比例する目標は極力避けます。前期からの仕込みの影響を見ると、足元の目標がすでに非現実的であるパターン、閑散期などの外部環境によって未達の理由が説明しやすいパターンに陥っている場合、目標にこだわりきれません。そうなると、予実管理の効果が薄れますので、シーズナリティ（季節性）による需要の増減や、採用計画による人員の増加などの予定に合わせた月次の短期目標の調整など、予算の根拠となる要素を一定織り込むとよりよいでしょう。

意外にも、年間目標があっても期中の短期目標がない、またはあっても結果の報告にしか使ってないなど、形骸化している企業は成熟産業や景気変動の大きい業種の企業などを中心に少なくありません。予算や目標データがない場合は、まずは管理者側で仮決めして入れるなど、可視化によるイメージを持ってもらうのもよいかもしれません。

予実管理のSalesforceでの実装方式には、大きく次の2つのやり方があります。

1.予算レコードタイプを利用する

一番簡易的な方法です。商談の予実であれば、商談の項目として予算用かどうかを示すチェックボックスなどを用意します。予算用の商談を、例えば部署別月別の意図した粒度で金額を登録します。予算用のレコードの場合は、予算金額という数式項目に金額を表示します。予算用の商談でなければ、実績金額という数式項目に金額を表示するようにします。あとは部署別月別の商談を集計して、予算金額と実績金額を並べて集計するレポートを作り、ダッシュボードでグラフとして可視化する流れです。

<u>2.予実管理用のオブジェクトを利用する</u>

　"予実管理"というようなカスタムオブジェクトを用意して、予算レコードを部署別月別といった粒度で登録します。実績となるレコードはフロー（処理自動化機能）を使って対象の予算レコードに紐づけ、レポートで部署別月別の予算並べて実績値を集計し、ダッシュボードでグラフとして可視化する流れです。

　1が簡易的ですが、2のほうが商談を使った受注予算だけでなく、さまざまなオブジェクトの予算を管理する場合は汎用的に流用できますので、中長期的には2のやり方がおすすめです。予実管理をマネジメントとして、きちんと実践することのほうが重要なので、予実管理の経験がない場合は、まず1の方法でも十分です。

　予算データと商談などの実績データをどのようにSalesforce上に持たせるかは、「Salesforce 予実管理」などのキーワードで調べると、無料で実装できるいくつもの方法が出てきます。ぜひ、実際に試してみましょう。

◆ 予実管理の課題

　無事に目標を設定し、チームや個人で目標を意識して活動をしたとします。予算の達成を意識することで、うまくいってるのか、もっとがんばらないといけないのか、活動計画にも納得感や重要な仕事への集中力も増してきます。

　しかし、どうしても短期的なギャップが発生してしまうことがあります。

■予実管理の課題

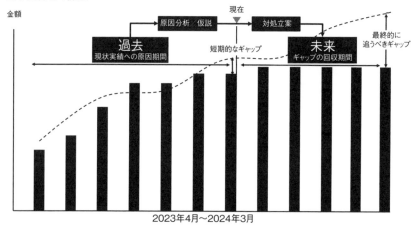

予実のギャップがわかるだけでは、それを埋めるためのマネジメントとしてのアクションや、各メンバーのがんばり方にもバラつきが出ます。情報が不足しているため、予実管理だけではどうしても目標達成のための課題が残ります。

　ギャップを把握することで、状況の善し悪しに納得感を持ち、目標に向かってがんばれるという点では、予実をきちんと管理するだけでも効果は大きいです。ギャップが発生したときのことを考えると、次の観点で思考を展開し、リカバリプランを検討する必要があります。

- あくまで最終的に追うべきギャップを埋められればよく、短期的にはギャップがあってもよい
- 月が経過すればするほど回収可能期間は短くなるので、短期的なギャップは小さいほうがよい
- 来期も成長と目標につなげるためには、下降トレンドで終わることは避けたい
- 上昇基調を作って期末を迎えるためには、恒常的な高稼働など根性での対応による組織の疲弊や離職発生など、業績乱高下の原因となるオペレーションは極力避ける必要がある（短期的には可）

　最終的な利益を確保しないと、従業員にも顧客にも還元できないため、目標の下方修正は最後の手段です。最重要なのは、未来に向けてどんなアクションがとれるかを考えることです。

　ただし、案件が少なかったからもっととりにいこうとか、訪問を増やそうといったことを意識しても、その活動が機能するかはわかりません。そのため、過去の実績についても、ギャップが小さいうちに振り返っておく必要があります。

　あくまでも未来のアクションを導き出し、実行することが優先で、原因の究明や分析はその次です。データがあることで、未来へのアクションを立てて実行することよりも、過去の分析を優先させてしまいたくなったり、組織内で批判を展開する人もいるでしょう。しかし、いかに原因の分析が確からしかったり、社内批判の内容がもっともな内容だとしても、それを改善するアクションが現実的でなければ、あまり意味がありません。あくまで社内での議論や提言は重要視しつつ、できることにフォーカスします。

5

会社のビジネスモデルとSalesforceの適応を考える

　実際のところ、根本的でクリティカルな原因をつかめることはあまりないので、分析をもとにこれをやったら改善するのではないかという仮説を持ってアクションプランを明確にしていくことになります。当然仮説なので、機能しないこともあります。そのため、アクションプランの実行後も、直近の実績が改善するのかを把握するといった活動を期中に何度もサイクルとして回していく必要があります（いわゆるPDCAサイクル）。

　このように、残りの期間でギャップを回収するための現実的な打ち手や、過去の分析による仮説立案と改善活動を実行するために管理の粒度、精度を引き上げていくために使うのが、次の節で解説するプロセス管理の考え方です。

5-4 プロセス管理

　プロセス管理は、過去の分析をより有意義なものにしたり、今後の実績がどの程度上がるかの予測精度を上げることに役立ちます。見通しが立ち、過去分析による客観性の後押しがあれば、戦略変更のような抜本的な打ち手を考える必要性がわかります。

■プロセス管理

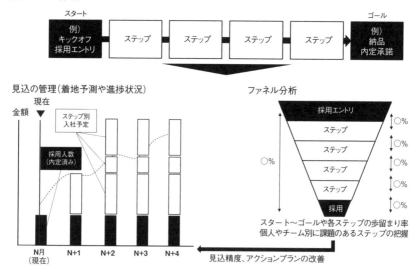

　予実管理もプロセス管理も、SFAにおける商談管理に限らず活用できる基本の考え方です。採用管理、プロジェクト管理、パートナー開拓など、多くの業務にこのプロセス管理を応用できます。みなさんのSalesforce環境やExcelを含めた社内業務では、どのようなプロセスデータが管理されているか、ぜひ一度確認してみてください。

　予実の"実"（追いたいゴール／実績指標）に対して、まずは始点（スタート）を決め、その間のステップを設定してくことで、一連のプロセスを管理します。予実管理でスタートとゴールの間に短期目標をおいたことと同じですね。達成するための技術の基本はいつも同じです。このステップの区切り方にもポイントがあり、後述します。

　プロセスを決めるためにも、始点の定義は重要です。例えば、建設やWeb制作などの受託製造型のビジネスで、プロジェクトの売上予実を管理したいとします。プロジェクトの完了時に売上や原価、利益が正式に確定するため納品のタイミングが実績（ゴール）です。

　では、スタートのタイミングをどこにするかについて考えてみると、いくつかバリエーションがあります。営業がプロジェクトを受注したタイミングであったり、初回の顧客との打ち合わせのタイミングであったり、契約形態によっては、初期の打ち合わせを数回へて、正式に契約が確定するものであったりと、さまざまなケースが考えられます。どこから開始でどこで終了かは、ハッキリと定義しておいたほうがよいでしょう。こうしてプロセスのデータを管理することによって、次のような管理、分析が可能です。

見込の管理

　実績に加えて実績になる前の"途中のデータ"がステップ別に"見込"として可視化できるようになります。見込の状況を見ると、来月は問題なさそう、再来月の積み上げが少なく、テコ入れしないと未達成の危険性があるなど、早い段階で把握できるようになります。事実をもとに解釈と準備が行えるため、目標を達成する確度を向上させることができます。

ファネル分析

　商談や採用管理など、ステップが進むごとに候補が減っていくようなプロセス管理の場合、過去データを分析することで各ステップごとの歩留まり率が人別、チーム別に見えてきます。「現状を踏まえると、どの程度母集団を集

めないと目標が達成できないだろうか」を把握することや、「苦手なプロセスへの支援施策やテコ入れによって歩留まりを改善しよう」といったことを考えます。この歩留まりを改善しないと、目標が高くなるたびに商談数を増やし続ける必要があります。多くの商談をこなすために、商談を担当する営業の人数も増え続け、コストのかかる生産性が低い組織になってしまいます。そのため、目標達成のためだけでなく、経営的・中長期的にもリソース配分やコスト投下の観点で重要な取り組みです。

◆パイプライン管理

パイプライン管理は、プロセス管理を商談管理に応用したマネジメント技術といえます。商談が受注するまでの営業活動の一連のプロセスを、商談が受注に向かって通過していくパイプに見立ててマネジメントする手法です。基本的なプロセス管理の仕方や、可視化分析の用途は前述したとおりで変わりません。予実管理、プロセス管理といった汎用的なフレームを、商談と受注という対象に最適化したものです。

商談のプロセスの定義は、SFA各社製品ごとに少しずつ異なっており、想定している業務の形のちがいが出ています。複数のSFA製品を比べて選定する機会がある場合は、ぜひ商談の始点のちがいや、プロセス定義のちがいに着目してみてください。

また、営業コンサルティング会社の多くは、パイプライン管理を運用的に定着化させたり、機能させたりというノウハウを独自の強みとして持っています。営業成績の進捗会議や、1on1での営業マネジメントのTipsなど、実践的なナレッジについては多くがWebで公開されていますので、合わせてチェックしてみましょう。

先ほど、プロセス管理において、ステップの区切り方にポイントがあると解説しました。ここでは、ステップの区切り方のノウハウが詰まっているSalesforceの商談フェーズ（ステップ）の定義を、筆者の補足を交えて解説します。

プロセスを管理することで、進捗や見込、ファネルで理解できるのはまちがいないですが、中間のフェーズの定義がうまくいかないと、フェーズを行ったり来たり、あるいは逆戻りするようなデータが現れたり、見込を可視化しても、あまり信用できなかったりといった形で効果が下がります。

基本的にステップが進めばよりゴールに近いということで、商談の場合は

フェーズが進めば進むほど受注確度が上がるという形になっています。フェーズの定義がよくできているため、フェーズ5や6の数字はかなり受注に向けて信頼度の高い商談と考えることができます。今月の目標ギャップに対して、確度90％のものをとれば余裕で達成できるという見込はかなり信用できますし、その場合、翌々月の目標への見込状況にも力をさくことができます。

■Salesforceの商談フェーズ（ステップ）の定義

フェーズ	概要	確度
フェーズ 1 追うべき商談かの見極め	注力すべき優先順位を決めるため、追うべき商談かを見極る	0%
フェーズ 2 課題の特定	ヒアリングを通じて顧客のニーズ（課題）を把握し、提案テーマを合意する	15%
フェーズ 3 メリットの訴求	提案活動を通じて顧客側の推進者に対し、提案した解決策のメリット（導入価値）を合意する	25%
フェーズ 4 意思決定者の賛同	プレゼンを通じて意思決定に関わるキーパーソンからの評価を得る	50%
フェーズ 5 リスクの排除	発注に向けたお互いの動き（価格や稟議プロセス、見積提示や注文書回収、導入作業等のスケジュール）を最終交渉し、合意する	70%
フェーズ 6 契約合意	お客様に必要書類をお渡し、内諾を得る	90%
フェーズ 7 事務処理（保留）	注文書の受領し、不備などの差し戻し対応を行う	95%
フェーズ 8 受注成約完了	お客様から受領した注文書で受注完了を確認する	100%

5

会社のビジネスモデルとSalesforceの適応を考える

予実を管理するだけでは、属人性がまだ高いものでしたが、パイプライン管理によってプロセスデータが可視化されることで、予実ギャップの埋め方について型を作ることができます。

　Salesforceの商談プロセス管理をしっかり理解することは、そのほかのあらゆるプロセス管理の設計においても参考になります。商談フェーズ設定上のポイントを解説します。

ポイント1：自社視点で書かずに、相手／対象視点で設定する

　商談の場合、見積を出した、提案までやったなどの自社視点で書くと、顧客としてはあくまで情報収集段階のつもりだったので商談とも思っていない

が、社内的には受注見込として見えてしまうといったことが起きがちです。この場合、営業マネージャーは目標に対するパイプラインの評価を誤ってしまいます。

　また、楽観／悲観など担当者ごとの主観が入ったり、人によってフェーズのとらえ方が異なるような状態だと、プロセス管理はうまく機能しません。ＡヨミＢヨミなどのヨミ（確度）管理と、プロセス管理は混同しないよう注意が必要です。いかに役員ご指名の熱い商談で実際に確度が高いとしても、それを客観的に判断することは困難です。そのため、まだ顧客と提案内容や価値のすり合わせをしていないならばフェーズは2へ移ります。

■フェーズ（ステップ）と確度（進捗率）が管理できるとマネジメントが型化される

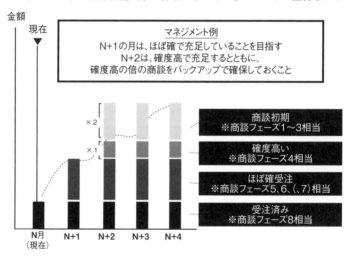

ポイント2：ゴール（受注）に向けて詰まりやすいポイントをステップとして分割し設定する

　ゴールに対してどの程度進捗しているか、どの程度ゴールすることが確実かといった進捗率や確度（％）をステップと連動するようにしたいため、スタートからゴールまでにある大きなハードルをとらえて、ステップとして切り出します。

<u>ポイント3:各ステップ（フェーズ）の目的と前進基準（完了基準）を明確にする</u>

　顧客や対象がどのような状態になっていることを目指すか、そのバロメータとして信頼のおける達成事項は何なのかを設定します。絞り込みが難しい場合は、いくつかのチェックポイントのうち、どれを達成していることを条件にするなど工夫します。

<u>ポイント4：ステップは多くしすぎない</u>

　ステップが8つ以上など多い場合は、一度見直しをしてみましょう。例えば、商談のプロセス定義が受注後の納品、入金完了まで含まれるなど、広すぎるという場合があります。受注後は、商品の在庫引き当てや出荷・納品、請求書の発行と入金消し込みといったバックオフィス側の作業を別の担当が行なっている場合も多く、営業が主体的にコントロールできなかったりします。こうした場合、前半と後半で別のプロセスデータ（別オブジェクト）として切り出して、進捗管理を分けるといったことが考えられます。また、そもそもステップが多く細かすぎて担当者のメンテナンス負荷が高かったり、ルールと異なるステップをつけてしまうなどのミスもあり、データを視る側の担当者やマネージャーの難易度が高くなりがちです。

<u>番外：ステップの設計にこだわりすぎない</u>

　これは、基本的なプロセス管理、パイプライン管理の運用がこなれたあとの話になりますが、番外編として追加しておきます。

　運用をしていくと、どうしてもフェーズやステップの設計精度にも限界が出てくる部分があります。かといって、基準を細かくしすぎると項目が増えたり、営業担当者が理解できずに正確に運用されませんし、入力制御をかけすぎると、システム的なトラブルや問い合わせが増えてしまいます。また、メンバーが増えるとどうしても、データリテラシやSalesforceへの入力の丁寧さ、粗さのちがいが出てきます。

　この場合、商談やプロジェクトなどに設定したフェーズやプロセス項目、それと連動する確度項目とは別に、マネージャー向けのヨミ（確度）項目を設けてマネジメントすることを検討します。デフォルトでは、メンバーの申告と同等のヨミ（確度）が入るようにし、マネージャーだけが適宜手動で修正できるようにします。メンバーからの報告はフェーズ6で確度90％、ほぼ確定だけれどマネージャーが様子を見たところ、ヨミに入れるのは難しいと判断した場合は"Commit"（ほぼ確定）ではなく"Pipeline"（ただの見込）と

会社のビジネスモデルとSalesforceの適応を考える

するなどです。

　このようにして、メンバーからあがってくるデータをただ集計して可視化し、その見たままを上（経営層など）へ報告するだけではなく、マネージャーの目を入れて再評価したレポートやダッシュボードの集計値、グラフをもとに、責任持ってデータドリブンなマネジメントをしていきましょう。

◆"視える化"よりも"視る化"が大事

　可視化された数値をただ"見る"だけに留まってしまうマネージャーが多くいます。「もっと細かく見たい」、「あの情報はどうなってる」、「ここまで分析できれば理想だ」など、これは可視（＝視える化）の副作用です。データが可視化されたからこそ、欲が出てくるのは当然で、数字を見る意識が高まるのはよいことです。しかし、多くの場合、可視化のあとにくるネクストアクションは、マネジメント側のアクションではなく"さらなる可視化"になってしまいがちです。

　Salesforce管理者側としても、利活用のキーになるマネージャーの意見や要望は応えたいところでしょう。また、職責／職務グレード的にも、営業マネージャーなどの管理職が上位にいることが多く、押し返しが難しい事情もあります。とはいえ、会社組織としての取り組みである以上、Salesforceというしくみ側ががんばるだけでなく、全員の努力が必要です。システムの用意という努力を管理者が行い、データの入力という努力をメンバーが行ったら、今度はマネージャーの努力の番です。可視化を突き詰めると、どうしても管理者やメンバーに負担が集中します。

　可視化によって何か追加の疑問や知りたい欲求が湧いたなら、社内のチャットや1on1、定例MTGなどのコミュニケーションを通じて、気になるものを取り上げてヒアリングしたり、マネージャー目線での客観評価と経験からくる主観によって予測を調整するといった、マネジメント活動と現場の活動を変容させる努力をお願いしましょう。管理者が手がけるSalesforceシステムも、価値あるデータを記録するメンバーとともに、段階的に一歩ずつ理想に近づけるようにしなければ、運用が回らず転んでしまいます。可視化する前と比べれば、まだ可視化できていないことがあったとしても、組織としてもマネージャーとしても一歩前進です。新たな情報をもとに、不足する情報は自分のマネジメント活動で集め、責任持って全体の予測を立て、その精度を上げていくといった形で、行動を変容させる努力が必要です。可視化

したからには、次にやることはさらなる可視化ではなく、データを視て動くことです（視る化＞視える化）。

◆営業プロセスの改善施策と実行機能

　前述のパイプライン管理が進むと、視える化したデータを実際に視て、確実に取るべき商談を支援し、商談が不足している時期に向けた活動を促進し、先回りで充足させにいくといった形で、目標達成に向けて合理的なマネジメントができるようになります。パイプラインマネジメントができ、可視化・分析が進むと、次のような数式のうち、何を改善する施策を打つ必要があるか、効果は出ているかというPDCAサイクルを安定して回すことができます。

■総受注の出し方

$$\frac{商談数 \times \underset{(¥)}{単価} \times \underset{(\%)}{受注率}}{商談期間} = 総受注$$

　受注という結果を要素分解し、どれをどうやって改善するかという考え方は、多くの営業コンサルティング会社の研修や、あらゆるSFA製品に組み込まれています。そして、これらのパラメータを押し上げるためのナレッジや機能をクライアント企業に提案しています。アポ獲得量が2倍になるコンサルティングとか、受注率が10％上がるAI機能などといわれると、飛びつきたくなります。ただし、この図式がうまく機能する前提として、当然のことながらこれらの数値がきちんと計測できているようにしくみがあること、日々の活動がルールどおりに統制されていることが前提です。そもそも、予実管理やパイプライン管理がきちんと回っておらず、SFAシステムにもデータがたまっていないというように、スタートラインに立てていなければ、受注率が上がる、商談数が増えるといった道具を手にしても意義が薄くなります。

　みなさんの会社のSalesforceに実装された機能や、実施されている施策は、どれをどの程度向上させることをねらったものでしょうか。あらためて、この数式を意識して、今ある機能これから行う施策はどんな価値があるか、整理し理解しておきましょう。

5-5 Salesforceの本質

　Salesforceの一部でもあるSFAの基礎について、あらためて紹介してきました。予実管理やプロセス管理という**マネジメントプロセス**をベースにしたパイプライン管理があり、そのうえで各種営業施策やSFA機能があるという関係になっていました。

　SFAという領域においては、多くの製品が存在しますし、多くの営業コンサルティングの企業はマネジメントプロセスと改善施策に精通しており、その実行のためにいくつかのSFAや独自のツールを担いでいます。営業マネジメントや各種パラメータを向上させる施策は、具体性があり一定の効果も期待できるため、多くのツールや企業から手段を選んでしまいたくなります。

　ただし、あくまでも目標とその達成に向けてデータドリブンにマネジメントする組織力と文化（習慣）を獲得することが、施策や機能よりも重要です（文化・マネジメントプロセス>施策や機能）。予実管理、プロセス管理を基礎としたパイプラインマネジメントができる運用と文化が徹底されなければ、機能や施策はただの飛び道具になってしまいますし、継続性を持ちません。

　Salesforceの本質は、セールスフォース社自身がセールスフォース社のしくみを使って、特にSFAの業務プロセスを高度にマネジメントする組織や文化を構築した結果、成長を続けている事実や歴史の中にあります。商談のフェーズ設定に代表されるように、予実管理、プロセス管理、パイプライン管理を具体的なシステムと業務でどう実践できるかというノウハウを持っている点は、その代表例です。

　Salesforceの場合は、ほかのSFA製品と比べても機能的にもちろん優れた部分があります。仮に機能的に劣っているとしても、どのように機能を活用すればよいか、どのように組織や業務を設計すればよいか、どのようにビジネスを成長させればよいかを、Salesforceを利用しながら考え、実行してきた事実と歴史を持っていることが本質的に優れた点です。

　結果的に、SFAに留まらず商談数をあげるためのMAのしくみや、リピート受注やアップセルを呼び込むアフターサービスのプロセスを改善するしくみを提供するなど、ビジネス課題全体に広げ、あらゆるプロセスを改善し、営業だけでなく全社の目標達成を支援するための技術を提供している点は、

機能比較できない大きな特徴になっています。

■ Salesforceの本質

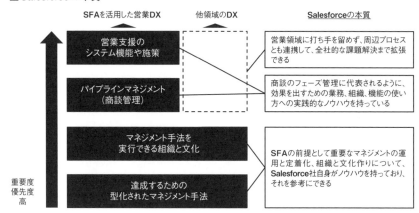

SFAだけをスコープに考えるなら、4-5で解説したSalesforce標準の業務と機能の図のうち、実はほんの一部だけをがんばればよいです。

あれだけ広く複雑に見えたSalesforceの標準でも、図で示した商談管理の部分だけ使えれば、十分営業生産性の改善が見込めます。そして、ここだけを考えれば、複数のソリューションが世の中に存在します。しかし、商談管理だけでも運用を定着化し、文化を変えていける会社は多くありません。製品の提供だけでなく、業務や文化を変革していく実践的なナレッジを持っていることはやはり重要です。そして、売上や利益といったKGIの拡大を踏まえると、改善すべきプロセスは必ず周辺に広がっていきます。SFAそのものはビジネス改善の本質ではありません。

まとめると、"現状の自社のビジネスにおいてどのようにSalesforceを適応させるか"の基本的な進め方は、次のようなステップです。

1. SalesforceのSFA機能の実践や、セールスフォース社のナレッジをもとに、データドリブンなマネジメント手法や、それを継続的に実行していくためのノウハウをまずは組織として習得する
2. そのうえで、SFA領域に限らず、自社ビジネスの特性に応じて伸ばしたい・達成したい業務プロセスをマネジメントし、成果をあげ、適応対象のプロセスを広げていく

5

会社のビジネスモデルとSalesforceの適応を考える

■ Salesforce 標準の業務と機能の一部

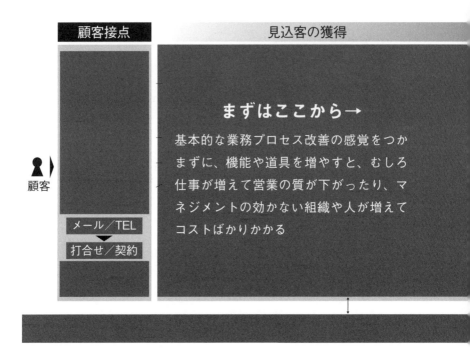

まずは、データで業務を管理できる（PDCAが回せる）文化が大前提

顧客接点

見込客の獲得

顧客

メール／TEL

打合せ／契約

まずはここから→

基本的な業務プロセス改善の感覚をつか
まずに、機能や道具を増やすと、むしろ
仕事が増えて営業の質が下がったり、マ
ネジメントの効かない組織や人が増えて
コストばかりかかる

　最初にSalesforceの標準機能や、TheModelのような"業務プロセス全体"を真似ようとするのはハードルが高いです。いきなり複数の業務プロセスを一度にシステム化し、各プロセスのマネジメントがうまく回るようにしていくのも大変です。システムの構築までは外部のベンダーの力を借りてなんとかできたとしても、新しいマネジメントオペレーションを回すためのシステムと業務を定着化させるユーザ企業側の努力はアウトソースできません。

　標準的なモデルやベストプラクティスのような、時間軸の異なるできあがった姿を踏襲するのではなく、本質部分をいかに自社のものし、徐々に育てあげていくかが重要です。"小さく始めて、大きく育てる"という、よく聞くセリフのとおりです。

　ただし、一見正論に見えますが、"小さく始める"の対象があまりに小さすぎたり、ビジネス成果が小さいものだと、SalesforceのROI（投資対効果）と

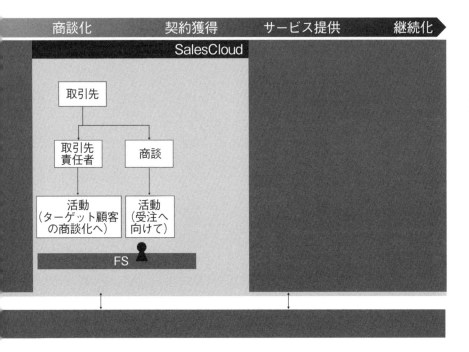

会社のビジネスモデルとSalesforceの適応を考える

して成立せず、いくら小さく始めるべきだ、着実に進めるべきだと声高に叫んでも、耳を貸してもらえません。

　次の節からは、自社ビジネスの特徴を踏まえて、2のステップにおける自社の伸ばしたい・達成したい業務プロセスを考えていきます。

5-6 受注を伸ばせば業績が伸びるという誤解

　CRM システム、特にSFAの取り組みを売り込む製品ベンダーや、SFAを自社で推進しようという推進者、コンサルタントにありがちなのが、"いかに受注を伸ばすか"が経営戦略上最も重要な論点・テーマだと思い込んでしまうという点です。多くの企業では、受注を増やすことが関心ごととしてある

のはまちがいありません。

　ただし、例外や課題感の強弱のちがいはあります。例えば、一部製造業の
ように工場の製造キャパシティを超えて受注をすることがそもそもできな
かったり、販売量の確保よりも原材料調達や製造工程の原価低減が最終利益
を向上する観点で重要性が高かったりという場合もあります。営業プロセス
が合理化されて、営業生産性が上がることで困ることはないものの、全体の
バリューチェーンを踏まえると、注力度合いが一番ではないということもあ
るでしょう。こういった会社に、営業のプロセスがアナログで非効率なので
デジタル化しましょうと提案してもあまり刺さりません。

　では、このように受注を伸ばせば伸ばすほど嬉しいというビジネスモデル
ではない企業は、Salesforceを活用する意義が薄いのでしょうか。Salesforce
の本質はSFAだけにあらず、その本質は達成するため・伸ばすためのマネジ
メント技術と、その実行ノウハウ、そして拡張的な製品です。商談の管理の
重要性が低ければ、次により注力すべきプロセスの改善に活用すればよいで
す。

5-7 自社のビジネスモデルと課題を考える

　ビジネスモデルというと、経営学の覚えやコンサルティングの実務経験が
ない人にとって気後れしがちなテーマかもしれません。しかし、自社のビジ
ネスの構造上、何を改善することが成果につながりやすいのかをおさえなけ
れば、Salesforce管理者としての仕事も大変なばかりで報われにくいものに
なります。

　ビジネスモデルは企業に属する全社員が関心を持つべきテーマです。本節
では、自社のビジネスモデルとSalesforceの関係について、ポイントを絞っ
て解説します。

◆業態別の考慮事項

　世の中には実にさまざまな業態、業種のビジネスが存在します。言い換え
ると、売り方と売り物です。業態については、最近流行りのサブスクリプショ
ンや、定期販売／定期課金、最も基本的な物販、受注後に一定期間かけてサー
ビス提供を行う受託型などがあります。業種でいえば製造業、不動産業、広

告業、人材派遣業……とさまざまです。

　業態と業種が定まると、おおむねビジネスの流れや、業績向上／達成のための成長ドライバ（ビジネスの成長を牽引する要素）が見えてきます。そし

■業態と業種ごとに導入するシステムの課題やポイント

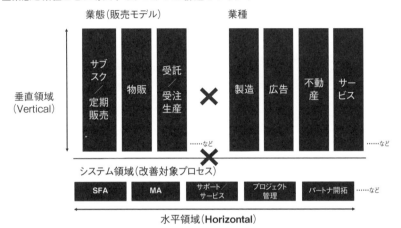

て、業態と業種ごとに導入するシステム（改善対象の業務プロセス）の課題やポイントも変わってきます。

　いかにSalesforceというシステムの標準機能やカスタマイズに長けても、業態や業種が異なればSFAのコンサルティングのベクトルも変わってきますし、拡張させるべき方向性も変わっていきます。ビジネスモデル分析やバリューチェーン分析などというと、ややハードルが高いかもしれませんので、いくつかのチェックポイントをあげます。みなさんの担当する会社の課題について、当てはまる部分があれば考えてみてください。

◆サブスク・定期販売・分納販売

　もともとはインターネットサービスの提供形態として多かったモデルですが、最近はホテルのサブスク、飲食店のサブスクなど多くの業種に広がっています。

　サブスクや定期販売には期間があります。受注したら、今後一定期間サービスを提供し続ける代わり、一定期間分の売上は確保できるため、経営管理上は短期的な大きな上がり下がりといった波が少なくなります。そのため、

数字の予測が立てやすく、一括年払い／月払いなど支払いプランごとの価格設定によって、売上よりも先にキャッシュを獲得できるなど、メリットがある販売方法です。また、契約を自動更新するタイプの場合は、解約理由がない限り来期の売上にもなるため、年度ごとの調子の波がおさえられます。

　SFAで受注を管理する場合、期初に受注し提供開始したか、期中に受注して提供開始したかによって今期に計上される財務会計上の売上金額は異なってしまうため（期初から提供していれば12ヵ月分売上が立つが、最終月の場合は1ヵ月分だけ今期中の売上になる）、営業の成果としては受注した月額料金の12ヵ月分を換算した金額単位（ACV）や、受注金額の総額（TCV）をカウントするなど、業績評価用の項目定義が必要です。

　競合他社も同じモデルでの販売を行なっていることが多く、乗り換えによる解約を阻止する販売後のプロセスの活動が、事業成長上非常に重要です。期間契約、サブスクは利用期間中に売上が分散するモデルのため、物販などと比べると月あたりの売上が安かったり、急激な売上の積み上げが難しい面があります。また、サービス型で提供を行うため、一定の需要を見越した先行投資がかかっており、固定費が必要なため、一定量積み上げるまでは赤字が続く場合もあります。事業の初期には、受注をとにかく伸ばすため集客と営業プロセスに注力し、その後解約をおさえる活動へも力を入れていく必要があります。顧客フォローをしっかりやっていこうという段階で困らないように、商談経緯の情報や、契約後に顧客とやりとりした活動情報などがきちんと記録し引き継がれるような準備が必要になってきます。

　全体の集客から解約阻止までのプロセスがいったん整うと、資金やリソースの再投資をどこに振り向けて継続成長するかを、全体のプロセスを見て把握・検討する必要が出てきます。そのため、集客、受注、受注後売上の推移をつなげて把握することで、ボトルネックを特定して、営業人員を増やすのか、マーケ投資を増やすのかなどを検討してマネジメントします。

　管理対象のプロセスとデータが手広くなるため、Salesforceの標準仕様のように、データを上流から下流までつなげて分析するデータモデルの設計や維持、財務会計やサブスクリプションの管理に適した販売管理システムとのすみ分け、データ連携など、システム設計上の難易度が高くなっていきます。

◆物販

　最も基本的なビジネスの形といえます。代表的な業種としては、製造業から卸へ、卸から小売へと、それぞれ物販型で物の単価と数量の受注が発生します。1回の受注、1回の売上でシンプルな取引です。

　受注のタイミングと納品が完了したあとの売上でタイミングがズレるので、納期の概念があります。SFAを利用する場合、金額は同じでも計上時期が異なるため、受注を成績とするのか、納品基準での売上を成績とするのか決める必要があります。納期は在庫の有無や配送などの物流プロセスによって決まるため、それらを管理する販売管理システムは、通常別に用意されます。

　業態によっては、納品後の返品で実際の売上実績が受注を下回る可能性もあります。最終的な売上額を営業成績に考慮する場合、販売管理システム側の売上実績をSFAに月次で取り込む必要もあります。

　業種によっては、在庫がなければ納期が伸びてしまい、ニーズがあっても販売できず機会損失となるため、商談の状況を需要予測として仕入担当者にも共有したり、仕入の枯渇が起きないように、仕入先の開拓を商談に見立ててプロセス管理するなどの取り組みも考えられます。

　自動車販売のような、納期予定について精度の高い回答ができれば十分販売できるという製造業の場合は、生産管理のシステムとAPIなどでつないで納期予定を取得するような連携（営業が手動で別システムを開いて目で確認するでも可）をするなどして対応します。ほかにも、小売業が卸から仕入れる場合、卸売会社とExperience Cloudを使ってつなぎ、在庫確認の依頼と回答をやりとりするような問い合わせ管理のしくみを作るといった形の拡張が考えられます。

◆受託

　一定期間、一定量の仕事を請け負って、工場の機械や人手などリソースを動かし、依頼された作業や物を納品する形のビジネスです。無形物ではWeb制作やシステム開発、有形では部品／中間品の製造工場などの業種が該当します。基本的に、受注1回につきお金のやりとりは1回で対応するため、物販に似ている側面もあります。

　ただし、仕入れができれば販売できる物販とちがい、生産／提供キャパシティを超えて受注をすると、製造ラインや人の確保などが急激に拡大できな

5

会社のビジネスモデルとSalesforceの適応を考える

いうえ、納期、品質、コストが守れません。受注をすればするほど会社の売上が確定し、インセンティブが支給されるような業態と比べて、最も受注活動に対して制限が強い業態です。また、受注量がショートすると、人や機械が稼働しないため、固定費だけが発生します。

　受注活動に制限があると聞くとSFAとは相性が悪い業種に思えますが、受注しすぎも、しなさすぎもよくないため、予実管理、プロセス管理の重要性は高いです。受託は商談プロセスにおいて競合優位性や付加価値を顧客にアピールすることで、受注単価を高め、粗利を確保できます。1商談が売上や利益に与えるインパクトも大きくなるため、パイプライン管理によって見込精度を上げるとともに、営業／提案品質を向上させる活動は有意義です。

　そして、生産能力に合わせて受注を獲得し、生産が終わってリソースが空く頃に向け、次の受注を取ってくるという基本的なマネジメント活動の徹底がキーになってきます。そのため、商談管理による受注のコントロールや単価向上に加えて、制作／プロジェクト活動のプロセス管理や、リソースアサイン（稼働率）の予実管理などまで含めた活用を行うことで、浮き沈みが激しくなりがちなビジネスのデメリットをおさえ、経営を安定させつつ、成長へ向けて拡張することが考えられます。

　このように、業態業種によって単に受注を伸ばすだけでは、売上や利益向上の観点で課題のあるビジネスは世の中に多くあり、周辺のプロセスや他システムとつなげてこそ意味があり、それができるSalesforceの価値が出てきます。

　ただし、Salesforceの本質とはいえ、いくつもの業務プロセスに広げて、つなげて、業務プロセスを管理していくというのは、システム的にも運用的にも大変な活動です。Salesforceを適用し、運用していく領域はいたずらに広げるのではなく、極力早く取り組めて、効果も見込める（QuickWin）領域を見極めて考えてたいところです。そのQuickWinな領域をどう見つけるかを次の節で考えていきます。

5-8 事業の成長ドライバはどこだ

多くの企業がSalesforceのSFA機能を軸に利用を開始することから、受注／成約を起点に各業態と代表的な業種のSFAの活かし方や、継続的改善の取り組みを広げるポイントについて解説しました。商談管理と受注だと、実際にサービスを契約したり、マネタイズするシーンをイメージしますが、Salesforceの活用や適用先を考えるうえで重要な考え方は"成長ドライバ注3"です。

受注や成約の業務と成長ドライバのちがいをわかりやすい例でいえば、チェーン展開する飲食店です。飲食店で実際に売上が動くのは、店舗に来客があって、料理を提供し、お会計するタイミングになります。しかし、飲食店では商談をするわけではありませんし、来店と取引が同日に行われるBtoCのビジネスですので、商談として来店からお会計までを管理するようなプロセス管理は必要ありません。あるとしても、「追加で1品どうですか」といった単価アップの取り組みですが、ここを大きく変えるのは、一定の価格帯を認識して来店される店舗ビジネスの特性上、難しい面もあります。店舗への来客が増えれば、もちろんその店舗の売上は上がりますので、来客が成長ドライバのようにも思えますが、実際のところは席数以上にお客様に来店してもらうことはできませんし、1店舗あたりの売上には限界があります。席の稼働率を高く保ったり、単価を上げても、事業としての成長率はあまり上がりません。1店舗あたりの売上や利益は極力安定するように、オペレーションを標準化したり、アルバイトを増やして単価をおさえるなどの策は、各店舗ごとの取り組みです。そのため、経営全体としては出店店舗数が成長ドライバと考えることができます。10店舗運営している企業の売上高を20% Upさせたければ、新たに同規模の店舗を2店舗増やせばよいというのが、成長ドライバの考え方です。

この成長ドライバについて考えると、Salesforceの活用方法も見えてきます。同規模の売上が見込める店舗を出店するためには、土地や物件のリストアップから契約というプロセスが発生しますので、このプロセスを効率化させればよいです。また、その前段階には商圏特性に応じた居住人口や労働人口、年齢比率など、需要量を調査し、必要な面積や席数をわり出してエリア

注3）ビジネスモデルや事業構造上、売上や利益規模の成長を牽引するキーとなる要素や業務プロセスのこと。

を選定するプロセスもあります。同様のエリアに多店舗出店するドミナント型の戦略によって、物流や人材配置の効率化はもちろんのこと、店舗展開エリアの検討プロセスを省力化することも合わせて行います。10店舗展開していて、商圏の基礎データも集まっている同エリアに追加で店舗を出すのであれば、物件の候補を収集し、交渉し、契約するという業務を商談に見立てて管理していくことが、ビジネス成長のアプローチとして有効であり、伸ばすため・達成するためのマネジメント技術をパッケージングしているSalesforceの活用ユースケースとして、適したものになります。

ほかにも、同エリアに100店舗200店舗と増やすような場合、店舗へのスタッフ供給が開店のための成長ドライバになってきます。そのため、店舗ごとに行っていた採用や教育を本部での教育と店舗配属に集約し、そのプロセスを管理して効率化させることが、ハイペースでの店舗数増加を実現させるうえで重要度が高いとも考えられます。また、パートやアルバイトの採用管理システムにSales CloudのSFA機能を応用する場合、アルバイトやパートの従業員は取引先責任者、募集への応募から採用までは商談に見立てることになります。既存顧客へのアプローチと同様、過去に勤務して引っ越しで退職された方のリストも、再度アプローチして別店舗に誘うなど、まさにCRM／SFA的なパート、アルバイト採用のしくみが活躍します。

成長ドライバーにフォーカスすることで、投資効果の高いSalesforceの活用ユースケースは見つかりやすくなります。こうした成長ドライバに該当するプロセスを、Salesforceをうまく活用して実行します。ライセンスの料金に対してROI（投資効果）が高いSalesforceのユースケースです。投資効果が高ければ、その改善や管理にかけるリソースもわり当てしやすくなるので、管理者業務をより安定的にするための原資になります。

このように、業態や業種ごとの特性を踏まえ、会社の成長ドライバを探し、そこに対してプロセス管理や予実管理の考え方を応用することで、Salesforce活用のROIを最大限に高めることを考えていきます。Salesforceという武器を活用して、会社の業績を好転させられる方法を常に発想していくことが、ビジネスに貢献するSalesforce管理者として重要な視点になってきます。

第3部
日々の業務を回せる管理者になる

　第2部では、Salesforceの導入目的や標準的な製品の作りをまとめるとともに、自社の業務を変革するためにSalesforcceの本質をどのように活用し、適応させるかを一緒に考えてきました。Salesforceを扱うからには、ただのシステム管理者になるのではなく、自社の業績向上、事業成長に向けた取り組みの管理者として、前向きに誇りを持って取り組んでいきたいところです。

　ここからは管理者としての職務、日々の実務を意識して、Salesforce管理者として仕事をするために考えたい問いについて解説します。

第6章

定常的なSalesforce運用作業をいかに効率化できるか

　Salesforce管理者の仕事はITの管理だけでなく、業務／ビジネス面の改善につなげるところまで、多岐にわたります。日々、降ってくる仕事に追われてしまうと、業務の改善に能動的に思考を働かせることはできません。現役の管理者は、すでに日々多忙で手が回らないという状況にあるかもしれません。

　Salesforce管理者の仕事は会社のビジネス成長のためにも重要ですので、仕事量が増えているなら管理者を増やしてもらうという方法もあるでしょう。ただし、人員というコストを投下してもらうためには、会社からの後押しが必要です。そのため、中長期的にはSalesforce管理者の仕事はコストセンターではなく、事業成長と利益創出に必要な仕事（プロフィットセンター）として会社に認識されるようにしていく必要があります。

　ここでは、まず定常的な業務をいかに効率的に管理してコストを抑制するかという視点で考えていきます。

6-1 Salesforce管理者業務の目指すところ

　Salesforce管理者には、ユーザからのQA、クレーム、変更要望、月次や日々の定常作業、別チームからデータの修正や出力の依頼、兼務している別の仕事と、さまざまな仕事が日々存在します。事務的なタスクも多く、ついついこなすばかりで時間を過ごし、会議では自分のパートで定型的な報告のみして1時間過ごし、ユーザからの機能要望は面倒な内容が多く、いわれるがまま実装方法を調べていたらもうこんな時間に……となってしまいがちです。何か目標を持たなければと思って新しい製品・新しい機能やカスタマイズを学習してみても、ユーザである経営者やマネージャー、現場メンバーの

みんなで作ったしくみを有効活用するマネジメント組織や文化を実現しなければ、機能やカスタマイズにどれだけ詳しくなったとしても、手がけた機能が活躍することはありません。

■全社のSalesforce管理（運用／保守体制）の目指す姿

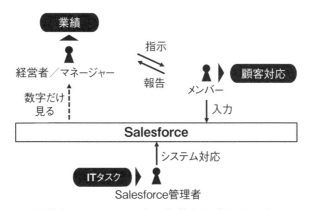

Salesforceを通じて共通の認識でつながる
システムだけでなく業務とビジネスを育てる

　Salesforceを日々当たり前に維持し、使っていくための作業を極力小さくおさえることができれば、事業の成長といった将来や顧客への価値に向けた社内の仲間との議論など、より前向きな活動に多くの時間をさくことができます。そのために、理想はシステムだけでなく、社内の各ユーザとの対話、Salesforceを通して実行されている業務、ビジネスの状況を見ることです。システムではなくともに会社のビジネス・業務を育てていける管理者を目指していきたいですよね。

6-2 Salesforce管理者業務の基本方針3ステップ

　理想はあれど、実際にはそううまくいかないことでしょう。そもそもSalesforce管理者のリソースも、知識やスキルもたりていない中で、四苦八苦することからスタートする人が多いです。日々起きる不具合トラブル、細々とした要望／課題対応、作業依頼・問い合わせ・ルーティンワークなどの定常業務を最初からうまく判断し、さばいていくのは至難の技です。そうこうするうちに、やりたい・やらなければと思っているけどやれていないことは積み上がり、急ぎの仕事をこなすだけでも残業続きということもあるでしょう。Salesforce管理者の業務の回し方として、何らかの基本方針や戦略を見直す必要があるかもしれません。

　改善に向けたアクションよりも、日々の問い合わせや作業の対応、不具合やトラブルへの対応などで多くの時間が使われてしまい、Salesforceの活用レベルに付加価値をつける動きはなかなか手が回りません。時間の使い方のバランスとしては、本来は逆の関係が理想ですよね。

　そのための、基本的な方針は次の3段階です。

ステップ1.定常業務の効率化

　ユーザからの作業依頼、問い合わせ対応、特定の業務イベントや定期的なタイミングで行うことになっている作業（ルーティンワークなど）を極力効率化、型化します。

ステップ2.改善活動を増やす

　ユーザとの対話や観察の時間を増やし、システム的な改善に限らず、運用面や利用者のリテラシ向上を含めた改善活動を行います。

ステップ3.緊急度の高い不具合対応を抑制する

　普段どおりにSalesforceが利用できないというのは、管理者にとって最も恐ろしい状況です。緊急度の高い不具合への対応は突発的で優先度が高く、解決しても付加価値は出ないものの、普段の業務にロスが出るという生産性を下げる事態であるためです。

　不具合はシステムが起こすものなので、不具合の種は改善作業を含むシステム構築や、変更の中でも埋め込まれる関係にあります。

　最終的に不具合抑制＜定常業務効率化＜改善活動という状態を目指します。

■Salesforce管理者業務の現実

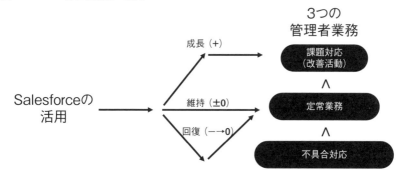

　ポイントは、過度な効率化やユーザ要望の実装など、システム改善タスクの先行を避けることです。

　定常業務をきちんと管理して安定的にしてから改善活動を行い、そのときに不具合の種を埋め込まないように気をつけるというのが基本の3ステップです。

　不具合も定常業務もないに越したことはありません。定常作業は減らせば減らすだけよく、機能改善による利便性や生産性向上の試みは多ければ多いほどよいと考えてしまいがちです。実際、反復的で単純な作業の削減、合理化は重要なことです。

　ただし、その結果、過度に自動化や入力効率の改善などに時間をさき、またしくみを複雑にした結果、不具合を仕込んでしまうケースも多々あります。

そのため、「不具合を増やすぐらいなら定常業務はなくさず、ルーティンワークとしてとっておき、手順書作成などによる効率化に留めることも検討を」というメッセージも込めています。

■基本方針3ステップ

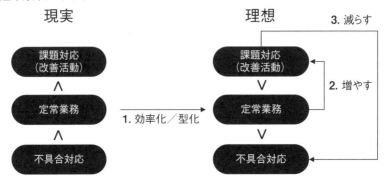

カスタマイズなどの機能構築による定常業務の自動化は、改善活動であり、有意義に思う気持ちもわかります。1人あたり××時間削減・1ヵ月ごとのとある作業時間が一瞬で終了といった成果を掲げる改善活動や、ルーティンの自動化は、まさにシステムが成せる恩恵であり、その技術をSalesforce管理者として習得し、発揮することももちろん素晴らしいです。ただ、もし結果的に不具合やシステム的な負債を生んでしまうとしたら、近い将来、会社の大きなビジネス上の決断や新しい取り組みに向けてシステム改修が必要になるとき、その対応を難しいものにしてしまうことがあります。実は、こうしたケースは多く、改善活動を推し進めたいときの悩みの種となっていきます。

当然、ルーティンワークを自動化したりシステム改善をするなというわけではなく、管理者の経験が長い中・上級者の場合や、チームを組んでSalesforceの管理ができる体制のある場合は、積極的に検討して問題ないと思います。ただし、まだまだ多くのユーザ企業の現場には、兼任／新人／孤独な管理者が奮闘しているケースがあります。会社全体としてそれをやることが本当によいのか、貴重な人的リソースと価値を最大化することなのか、慎重に考えてほしいところです。

あくまでも"Salesforce管理者が課題の発見、理解、改善に時間を割いていくこと"、"実際に業務が改善され事業価値の創造につながること"を目指します。本書ではシステム的な変更を立案するときの進め方として、"課題管理"という考え方を用います。課題管理については次の章にて扱います。ま

た、改善活動と不具合の発生には因果関係もありますので、不具合への向き合い方もまとめて次の章で扱っていきます。

　本章では、ステップ1にあげた定常業務の“効率化”について深く掘り下げていきます。

6-3 問い合わせ対応と運用作業

　Salesforce管理者の“定常業務”は、大きく分けて“問い合わせ対応”と“運用作業”です。

　問い合わせ対応は、Salesforce利用におけるユーザ（経営層や各マネージャー、各担当者）からくる声への対応です。Salesforceの画面を開いて利用する中で発生したり、経営会議・事業部や営業部の会議など会議体で取り組みを議論をした結果、Salesforce管理者へ持ちこまれる場合もあります。内容としては、次の章で扱う不具合の疑いがあるものや、改善要望などの“課題管理”に切り出すものもあれば、純粋な問い合わせまで、あらゆるものが含まれます。これらの声をまずは受け止めて、適切に振り分ける“さばく作業”、そして全体としては、極力“量を減らすこと”を念頭に効率化を計ります。

　運用作業は、Salesforceを現状の利用想定のとおりに使えるよう、維持するための対応です。マスタデータの定期的な流し込み、画面レイアウトやレポートダッシュボード／リストビューなどの大きな設計変更をともなわない作業、不備のあるデータ・ユーザによる想定外の利用がされていないかといった確認作業、ユーザの利用状況の確認、マニュアルの見直し、セールスフォース社の発信情報や自社への影響確認などがあります。システムの設計や業務設計上、恒常的に発生するものであったり、ユーザからの問い合わせの結果、運用作業として切り出す場合もあります。現状のSalesforceの価値を維持するという位置づけの作業なので、まちがいなくこなすということが重要です。

　前述のとおり、無理に自動化や効率化をシステムの変更によって行おうとしすぎると、負債化する可能性がありますので、減らすというよりは、マニュアル化などで難易度を下げ、ほかの人でもできるようにしておくことを念頭に、“時間が読める”、“短時間で、確実に、ルーティンとして実行できる”ように整備しておきます。

　問い合わせ対応の効率化、運用作業の整備について解説します。

6

定常的なSalesforce運用作業をいかに効率化できるか

113

6-4 問い合わせ対応の効率化

　まずは、問い合わせ対応の効率化について考えます。問い合わせ対応は、システムエラーなどの不具合発生と同様に、随時で突発的に発生する割り込みタスクです。極力"非同期的に対応[注1]"することが、割り込みタスクを減らすうえで非常に重要です。これにより、やや大きめのまとまったシステム改修など作業対応や、日々のルーティンワークの時間や、スケジュールどおりの進行を着実に実行する時間を確保します。

　ただし、問い合わせが発生するもと（ニーズ）は、ビジネスイベント（来期から代理店経由での商談を開始したいといった会社の意思決定として行われること）起因や、営業企画のミーティング（新規顧客発掘のための活動展開にあたり、ヒアリングの実行状況をトラッキングしたいなど）起因、現場ユーザの操作によるもの（今まさにSalesforceを利用中で、操作に困ったなど）といった形で、経営層や事業責任者層、マネージャー層、メンバー層まで、さまざまなユーザにおいて発生します。システム操作に関する問い合わせ以外は、いつ、どの程度発生するかはコントロールができませんので、ニーズの発生事態を減らすことは難しいです。

　そのため、ニーズの発生から実際に管理者への問い合わせにいたる過程で、一定量減らせないかを試みます。また、問い合わせをしたユーザのニーズ、問い合わせの内容によっては、解決まで期間がかかったり、社内の他部署のメンバーを巻き込んだりと、待ち時間が発生することもあり、複数の問い合わせ対応がオープン（対応中）なまま並列することになります。

　自社の業務知識や社内の他システムの知識、Salesforceの知識、基本的な業務やITの知識がない状態だと、問い合わせの内容を理解するのにも、調査にも、回答にも時間がかかります。この点については、いかに他者を巻き込んで、1つの問い合わせに体をロックインされず、並列的な対応を行うか考えます。抱え込まずにハンドリングする動き、"さばく"意識が重要です。Salesforceというシステムのお守りをすることは、気が重く感じるかもしれませんが、意外と協力者がいるものです。自分だけで解決すべきものばかりではないということを、まずは念頭に置いてもらえればと思います。

注1）　電話や口頭でのやりとりのように、いったん手を止める必要のある割り込みの対応を同期的対応、メールやチャットなどを使い、依頼側も対応する側もお互いの都合に合わせたタイミングで対応することを非同期的対応と呼ぶ。

　重要なのは、管理者である自分が解決することではありません。事業に貢献するSalesforce管理者が本当にやるべきことは、問い合わせの対応や、運用作業以外にも多くあります。会社全体のことを考えれば、管理者でないとできないこと（一次対応やハンドリング、自社内Salesforceの仕様にもとづく調査や回答）だけに注力し、ほかの問題については、周囲の協力を仰ぐのがベストです。問い合わせの回答をできるのが自分だけだとなると、本来自分が知らないこと・わからないことまで背負い込んで調査を開始してしまったり、解決したい張本人である問い合わせもとのユーザからの情報提供が不十分なまま、その分の調査の負担を管理者の努力でカバーしてしまったりと、必要以上に泥臭いものになってしまいがちです。ユーザはSalesforce管理者にとって顧客のようなものに見えるかもしれませんが、大事なのはユーザに喜ばれることそのものというよりも、ユーザの活動や課題感に対して支援をし、業務を極力止めないで済むようにすることです。

　Salesforce管理者は重要な存在ですし、そのリソースは貴重ですので、きちんと協力を得るべき関係者には協力をしてもらうように立ち回りましょう。問題や問い合わせの根本解決を常に目指すのではなく、問題を緩和するような妥協策に留めるやり方や、システムではなく業務的な回避を試みる方法など含め、ユーザにとっての解決を支援し、できる限りひとつひとつの対応を短く小さくする意識も重要です。

　社内からSalesforce関連の問い合わせを受ける、さばくというプロセスを図に整理しました。

　まずは、問い合わせ対応を削減、効率化できる箇所について、図の網かけ部分に沿って解説します。

◆ユーザによる自己解決

　ユーザ自身の問い合わせニーズが発生したときに、まずはユーザ自身が調査できるリソースを多く提供することです。本来は、操作マニュアルを読めば解決できるような内容は、Salesforce利用開始時のオンボーディング（初期の立ち上げプロセス）時のトレーニングでレクチャーできているのがベストですが、あとから追加された機能、中途で入社した方など、情報共有が行き届かないことが出てきます。

■Salesforce関連の問い合わせのプロセス

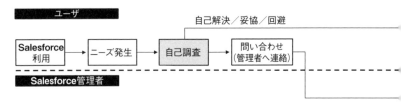

　そんなときには、問い合わせの導線に入る中で、自己解決を試みてもらいます。影響するユーザが1人か少数しかいない個人的な課題であれば、ご自身での妥協や運用回避で対応してもらえるケースも多いです。自己解決が進めば、Salesforce管理者への問い合わせとして顕在化する総量が変わってきます。管理者のリソースをより価値の高い業務に配分できる可能性が高まります。

　Salesforceの導入初期においては、そもそも定着化もしていないため、使ってくれようとするユーザから気軽に問い合わせや声かけ、打ち合わせができるような関係性がよいと思いますが、頃合いを見てセルフサービスリソースの拡充と、ユーザへの展開によって、問い合わせ自体をなるべく減らすことを検討していきましょう。

◆第三者への対応の委譲

　問い合わせの調査や作業依頼の中には、全体を見ているSalesforce管理者で対応すべきではないものが混じってきます。システム管理者の権限を持っているためにやれることはやれるけれど、Salesforce管理者がやらなくてもよいものなどです。

　例えば、次のような依頼です。とある営業部長から、「部下の活動情報の入力の仕方がまちがっているので、一括で修正してほしい」といわれたとします。基本的には、管理者は個々のユーザが入力したレコード（情報）のオーナーではないため、マネジメントのために必要な情報であれば、上司からメンバー

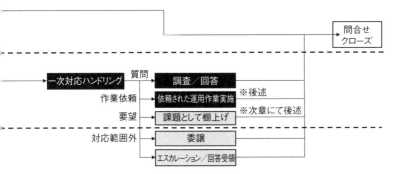

へ入力を徹底するよう指導するのが本来の仕事の流れです。営業部長には、部下へ直接修正の依頼をかけるように伝えて、問い合わせをクローズさせます。ほかにも、問い合わせ内容をよく聞いてみると、端末やネットワークの問題であって、Salesforce管理者側では対応ができないという場合もあります。この場合は、その旨だけを伝えてクローズさせます。

管理者側の労力を理由に、「うちの仕事ではない」といった自分本位な突き返し方をするのは冷たいと受け取られてしまう場合もあります。あくまでも会社全体として業務改善の習慣化やメンバーの教育面など、問い合わせもとのユーザにとってもそのほうがよい方法であるという旨の返答の仕方も必要です。また、"今回だけ急ぎ管理者側で対応するけれど、次回から"などの立てつけをとったうえで対応するなど、譲歩も含め、スマートに対応したいところです。

組織設計や、会社全体の業務設計の問題であって、管理者も問い合わせもとの人も悪いわけではありません。不必要な対応は抑制しつつも、社内のユーザとの協力関係を構築していきましょう。

◆第三者や外部ベンダーへのエスカレーション

問い合わせの原因がほかの社内システムにある可能性や、セールスフォース社が提供する標準機能本体の不具合やエラーの可能性がある場合、またSalesforceにインストールして使っているAppExchange製品（アドオン製品）に原因がありそうな場合、ユーザから受けた問い合わせの中から、セー

ルスフォース社や他社製品の機能による部分などを切り出して、それら第三者／外部ベンダーの問い合わせ窓口に持ち込みます。Salesforce標準の画面機能や、AppExchange製品の画面でエラーが起きたとしても、自社の何らかの設定やカスタマイズが原因である場合もあるため、切り分けが非常に難しいですが、自力での調査と"並行して"症状を伝えておき、解決の支援を仰ぐようにしましょう。

◆調査対応

最後に付けたしておきたいのが、外部のSalesforce管理者からの支援を受けることです。内部のデータや業務的なことを社外に話すのは、機密上の問題があるため、あくまでSalesforceの機能や設定・実装面の課題に限定した相談をします。

3-2で解説したSalesforceの学習段階でいうと、4段階目の"わかち合う"学習プロセスが活きてきます。社外の管理者コミュニティの人脈や、相談会などのイベント活用、セールスフォース社公式のコミュニティサイト内や、SNS上でのディスカッションを行い、外部のSalesforce管理者コミュニティにも頼りながら調査にあたりましょう。聞きっぱなしではなく、自力での調

■問い合わせ対応の全体像

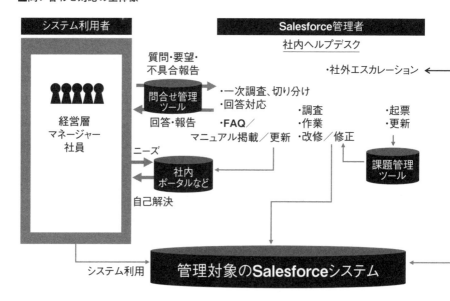

査と並行で行い、断片的な情報に対して親身に回答してくれた方のアドバイスから自社のケースで試せそうなものを選ぶことがポイントです。

　また、Salesforceの初期構築に携わったパートナーがいて、納品された機能の箇所に不具合がありそうといった場合は、瑕疵担保責任など、契約の内容によって一定の保障を受けることができる場合があります。当時のベンダーと締結した業務委託の基本契約や、発注書の時期など確認しておきましょう。別途、有償で構築ベンダーがアプリケーション部分の保守をサービスとして提供している場合は、一時的な契約を結んで相談できるかもしれませんし、構築ベンダーとは別に、保守対応のみを月額いくらで支援してくれる会社もありますので、一定期間だけなど、予算が許す限り伴走者をつけておけると安心です。Salesforceのパートナー企業は、技術的な点や他企業の知見を持っているため、それらのナレッジを吸収する機会にもなります。

6-5 問い合わせ対応の全体像と情報の管理

問い合わせ対応の流れや体制の全体像を図にまとめます。

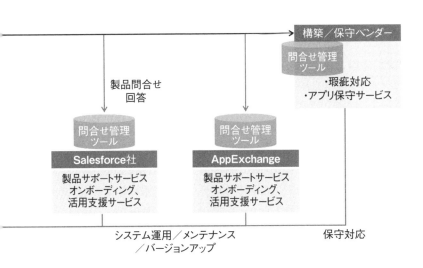

　Salesforce管理者は、持ち込まれるさまざまな課題を周囲のステークホルダーと共同で解決にあたったり、振り分けや委譲を含めて指揮をとる位置づけにあります。そのため、コミュニケーションパスが非常に多岐にわたってしまいます。また、社外のパートナー企業や製品ベンダー企業に問い合わせをエスカレーションする場合は、社外企業各社の提供するツールややり方で問い合わせをする必要がありますので、コミュニケーションが非常に煩雑になります。社内ユーザからの問い合わせ管理、課題管理、FAQなどのセルフサービス用の情報を提供するポータルといったしくみは、できればSalesforce上や何らか1つのしくみで統一し、問い合わせ情報に各社エスカレーション先の問い合わせ管理システムのリンクを紐づけておくなど、工夫をしておくとよさそうです。

　実際にはこのように煩雑なしくみとフローがある中で、問い合わせを抑制したり、さばいていく必要があるため、いくつか運用上のTipsを紹介します。

◆セルフサービス（自己解決）促進のコンテンツ

　Salesforce利用中、突発的に問い合わせニーズが発生することが多いため、Salesforce画面にしかけがあると、導線上ベストです。特に、Salesforceの画面の下部に配置できる**ユーティリティバー**は、常に表示されるメニューで、クリックすると画面やリッチテキストで作ったリンク集などのコンテンツをポップアップさせることができます。ユーザから管理者へのお問い合わせの導線として利用することで、問い合わせの前にFAQなどのコンテンツへも自然に誘導できます。

不明点解決用のコンテンツ

　マニュアルやFAQサイトを掲載します。基本的に、ユーザは一度読んだマニュアルを読み返すことはあまりありません。よくあるものを抜粋して目立つようにしたり、資料ではなく画像や動画にするなど、ダウンロードや画面遷移が少ない形でアクセスできると、比較的利用度が上がります。マニュアル作成や利用を促進するようなAppExchangeもありますので、従業員数が増えてきて、ユーザのフォローや入社時のトレーニングに追われるようであれば、早めに予算を交渉し、検討するとよいでしょう。入社時などに行うシステム利用の研修やその資料を改善して、基本的な問い合わせは起きないようにしておきたいところです。

■ユーティリティバー

　FAQはSalesforce標準機能の"ナレッジ機能"を社内向けに利用できるとベストです。ナレッジ記事に対する検索性や、推奨によるアクセスなどももちろん有用ですが、レポートとダッシュボードでFAQの利用状況について振り返ることができるため、どの程度問い合わせを減らせているか（ナレッジが活用されているか）の目安にもなります。また、ユーザによるナレッジの検索行動もレポーティングできます。そのため、検索したけれど記事がヒットしなかったキーワード（0件ヒット時の検索ワード）を発見できますので、そのキーワードに該当するナレッジを作ったり、周知できれば、問い合わせが減らせるであろうこともわかります。

不具合やエラー向けのコンテンツ

　エラーや不具合の報告は、再現性がある事象の場合、多くのユーザから同時にたくさんの問い合わせが届いてしまうことが考えられます。事件が起き

ているというのが肌で感じられ、管理者としては非常に焦ります。また、実際には社内ネットワークや端末の問題で、Salesforce画面の読み込みが正常にできておらず発生したエラーであったりと、アプリケーション側の設定から原因をつかめない厄介なものも混じってきます。

　そのため、ユーザにはいったん"既知のエラー、不具合"を共有しておくことと、不具合が起きたときにまず試してほしいという**ワークアラウンド**（運用回避方法）を共有しておくことが重要です。既知のエラーについては、セールスフォース社自体のエラーやバグ、自社で修正中のバグなどのリストを掲載します。ワークアラウンドは、ネットワークのつなぎ直し、ブラウザのキャッシュやCookieのリセット、画面の読み込み直し、別端末でのアクセス、ログアウト／再ログインといった、ユーザや社内の環境起因のエラーかどうかを切り分ける行動があげられます。

　Salesforce本体のエラーや、メンテナンスによるダウンタイムは、「Salesforce Trustサイト」に比較的早い段階で掲載され、状況の更新も早く行われますので、必ずチェックしたいところです。左サイドバーのカテゴリは、主に第1章で紹介した物理的な各製品の稼働環境ごとに分かれており、Sales CloudやService Cloud、Lightning Platformなどの主要製品の場合は「Salesforce Services」のカテゴリから状況が確認できます。インスタンスというのは、自社の環境が実際に稼働している箱のようなイメージです。

■ Salesforce Trustサイト

出典：https://trust.salesforce.com/

　自社がどのインスタンスに属しているかは、Salesforce環境にログイン後、設定画面に入り、「組織情報」の画面を確認すると記載があります。各製品別ごとの稼働ステータスの確認や計画メンテナンス、緊急メンテナンスの予定が確認できますし、通知をメールで受信することもできます。

　また、セールスフォース社がバグと認識していて、「修正はこれから順次するよ」というような内容を公開している「Known Issues（既知の問題）サイト」もあります。

■Known Issues

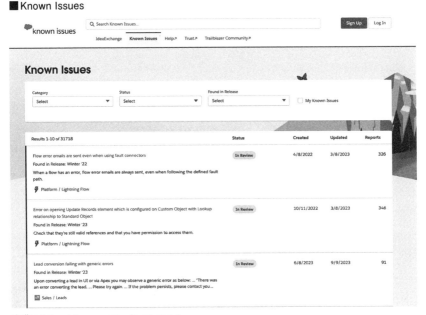

出典：https://issues.salesforce.com/

　いずれのサイトも、ユーザが直接見て理解できるような内容ではないため、自社に影響の大きい障害やバグがあって、問い合わせが想定される場合は、管理者側で必要に応じてピックアップし、社内向けに掲載するという流れがよいでしょう。それぞれヘルプを確認して利用方法を確認したり、メール通知の設定をするなど、さっそく運用に組み込みましょう。

6

定常的なSalesforce運用作業をいかに効率化できるか

問い合わせ用のコンテンツ

　不具合やFAQのコンテンツを見ても解決しない内容の場合、ユーザは問い合わせをしようと考えますが、緊急度が高くない要望が混じってしまったり、似たような改善アイディアが複数届いてしまったりする場合があります。そのため、変更要望については“問い合わせ”とは別に、課題管理をしておきます。Saleforce上に課題管理用のカスタムオブジェクトを用意して入力する運用でもよいですし、簡易的にスプレッドシートでシートを分けて、問い合わせと課題対応を行う運用でもよいでしょう。

　課題管理については次の章で詳しく扱います。

◆ログイントラブル対応の第三者への委譲

　Salesforce管理者のもとへ届く問い合わせや依頼で、最も多いものの1つはログインのトラブルです。**多要素認証（MFA）**の端末を忘れてしまった、パスワードをまちがえすぎてロックされてしまった、なぜかわからないけれどログインできないなどです。MFAの端末忘れはワンタイムのコード発行、パスワードロックはロック解除ボタンと、操作自体は簡単です。ログインできない理由がわからないという場合は、ユーザ画面のログイン履歴を見ると、純粋にパスワードのまちがいで失敗しているのか、ログイン自体が記録残ってないのか、ログインはできているが別の問題でホーム画面が表示されてい

■サポート範囲の考え方

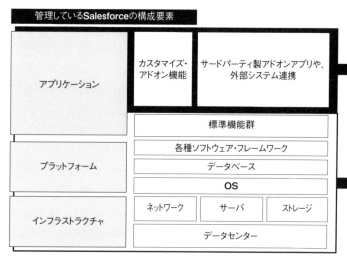

ないのかがわかります。ログイン試行の履歴がなければ、IDの入力まちがえやURLまちがえ、履歴があればパスワードまちがえや、許可していないネットワークからの接続によるものなど、切り分けは比較的容易です。

　Salesforceには代理管理者の機能があり、例えばロール階層上の下位メンバー（部下）へのユーザ管理機能の一部を委任できます。ログイントラブルなどの緊急度が高い操作のみチームの上長がするという運用設計にしておくと、ユーザ管理系の問い合わせそのものが管理者宛にくることが減ります。

◆Salesforceサポートの利用

　みなさんはSalesforce上で、自社独自のカスタマイズや実装を加えたものを利用しています。そのため、自社で面倒をみなければいけない部分と、プラットフォーマーであるセールスフォース社がサポートの責務を負っている部分と、責任を共有している部分があります。どのように責任分担を考えればよいかの概要を図示しました。

　特に製品サポートについては、導入時に有償のサポートプランを追加でつけている場合があります。このあたりの切り分けを理解しつつ、製品サポート側に伝わる内容で問い合わせを行います。

　また、Salesforceの有償サポート（ユーザライセンスとは別途オプションとして契約する、Premier Success Plan以上のサポートプラン）は非常に強

6

役割分担	範囲	内容
ユーザ企業側（管理者が対応）	アプリケーションサポート	自社のビジネスタイム（＋シフト勤務） ✓問合せ・不具合・要望対応 ✓製品サポートへのエスカレーション対応 ✓アドオンアプリや周辺システムへのエスカレーション
Salesforceサポートが対応	製品サポート	✓Salesforce製品標準の問合せ、バグ、障害への問合せ対応 ✓追加で有償のサポートプランあり
	製品運用・メンテナンス	✓インフラ、プラットフォーム運用 ✓システム監視 ✓障害時復旧対応 ✓システム・データバックアップ ✓ソフトウェアバージョンアップ・修正パッチ適用 ✓メンテナンス予定・実績、障害情報のWeb掲示　　など

力な内容ですが、契約していながらあまりその内容を知らず、活用していないユーザ企業が多く見受けられます。トラブルシューティングにおける一次応答のスピードや、営業日／営業時間の拡張などのほか、開発者向け機能（Apexやフローなど）箇所の問い合わせができます。ほかにも、オンボーディング用のいくつかの教育や支援メニューがあり、非常に手厚いものになっています。まずは契約時の書面などを確認したり、セールスフォース社の営業担当に確認するなど、支援メニューを確認しましょう。

6-6 運用作業は無理に減らさない

　最後に、運用作業について考えていきます。問い合わせ対応によって発生した作業のほかにも、依頼なしで定期的に実施することになっているデータの抽出と他部署への提出、マスタデータの定期的な移行……など、さまざまな定型作業がSalesforce管理者業務として存在すると思います。

　定型作業というと、自動化やUI改善によって削減・最小化しようと躍起になってしまいがちです。本章の冒頭で解説しましたが、それによって生み出される時間は、ひとつひとつはさほど大きくない中で、自動化のしくみや独自の画面機能の作り込みにかかる時間や、ユーザへの新しい手順の案内や、マニュアルの改訂、周知アナウンスなどのコストも発生します。ほかにも、リリース後に発生した不具合の対応や、作り込みの増加による管理者育成のハードル増など、改善によって削減した時間以上の見えないコストが発生する可能性があります。システム運用にかけられる時間の余裕や、技術的スキル／経験を持っている場合を除くと、対リスクやコスト面であまり効果的ではなくなります。

　大前提として、「効率化や改善活動を進めよう、非合理なしくみはなくしていこう」という意識は、Salesforceを活用したDXにおいて重要な活動なのはまちがいありません。ただ、現場のユーザが享受するメリットと、管理者側が抱えるデメリットが釣り合うのかという思考は必要です。「ユーザのために、自分が苦労すればよい」と考える管理者は多くいますが、Salesforce管理者の採用や育成の難しさ、自社社員のSalesforce活用リテラシーやレベルが今後徐々に上がっていくことを踏まえると、システムを高機能にして、管理者の業務が難しくなりすぎないようにすることも重要です。複雑な入力

チェックや、入力の自動化の実装を入れるよりも、現場担当者が手分けして
チェックするほうがよいかもしれません。

　システムの機能改善タスクをずらっと並べ、Salesforceの設定画面にかじ
りつくよりも、定型の運用作業を考えるほうが重要です。定着化に向けたロ
グイン状況やデータインプットの状況をユーザ別に監視するタスク、
Salesforceの利用リテラシや活用状況を、ユーザ部門の定例に出て定期的に
チェックするタスク、Salesforceのバージョンアップに備えて影響調査や新
機能の情報をキャッチアップしておくタスク、異動や入社者向けの集合研修
の実施など、"今はやれていないけれどやりたいこと"はきっともっと隠れて
います。小さなルーティンワークを消すことではなく、価値あるルーティン
としてシステム作業以外の"やるべき仕事"をどんどん見つけて、まずはリス
トアップしていきましょう。そのうえで、定型作業のリストを効率的にこな
す、自分以外の人もこなせるようにして、チームを作る準備をするといった
ことを考えて、効率化を図りましょう。

■不要化する前に難易度を下げて確実に実行する

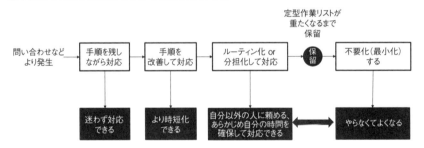

　作業の多くは、一定の反復性（繰り返し発生し実行する必要がある可能性）
があります。そのため、仕事を行うときは手順を残しながら対応、手順を改
善して対応、それをスケジュールに落としたり、人にお願いできるようにし
て対応という形で、順次型化を進めます。手順が見えている作業は、対応時
間も読めますし、やり方を思い出したり、調べて対応するよりも時短になり
ます。手順化するだけでも効率化ができます。

　また、一定のタイミングで繰り返し実施できるものは毎週月曜日の午前に
行うなど、定型作業をまとめて実施するタイミングをスケジューリングして
おくと、定型作業が増えても一度に処理できますし、見通しが立てやすくな

ります。一部でも分担できるようなレベルで型化ができると、人にお願いできるようになるので、サブメンバーに徐々に仕事をお願いしていくというような形で、将来のチームメンバーを巻き込む準備にもなります。定型作業1回の作業が重たかったり、反復回数が多いなど、自動化しない弊害が強い場合や、定型作業があまりに多くて、割り込みタスクを優先していたら回らないというものは、重要度も緊急度も高いので、課題化して随時システム的に解決していきましょう。

　昨今の流行もあり、システムの改修は削減時間換算（1ヵ月あたり10時間の入力工数の削減など）や、それを人件費換算した金額ベースの対応効果を成果として謳うことが多くなりました。あらためて見えないコストや時間を削減する以外、重要度／優先度の高い活動が手つかずで残っていないか、そういったことにも意識を向けて、手近な改善テーマや非効率に安易に手を出さずに、バランスよく自身の余力を配分していきたいところです。

第7章

重要な課題への対応と負債の抑制

　"重要度が高く、緊急度中・低の仕事"が取り残されるのは、どのSalesforceユーザ企業においても共通の悩みです。

　どうやって作るかという設計や実装方法に関するナレッジは、Salesforce業界には多くありますが、設計や実装にいたる前の課題（不具合や要望）のとらえ方、向き合い方に関するナレッジは、あまり多くありません。少ないリソースで維持や回復を日々行いつつも、事業の成長に資するSalesforceを管理するためには、目的の達成に向けた課題対応が最重要テーマです。

　前章の問い合わせから派生するユーザ要望機能の実装や、繰り返し発生する作業依頼の自動化など、優先度と重要度のバランスが悪い要望への対応が増えがちです。ここのさばき方をミスしてしまうと、仕事は増え続け、負債という見えないコストも増え続けていき、Salesforceを運用する期間が伸びれば伸びるほどつらくなっていきます。

　貴重なSalesforce管理者のリソースを、いかに未来に向けた改善や変革の取り組みへと集約していくのか。本章では、システムの変更をともなう課題対応への向き合い方、Salesforce管理者の時間を奪っていく不具合／エラーの抑制について考えていくとともに、そのときのポイントとなる"負債"という見えないコストの扱いについて考えていきます。

■課題対応

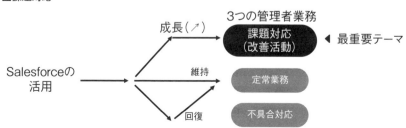

7-1 重要度高・優先度低の課題にいかに向き合うか

　課題には、短期的かつ優先的に取り組むべき課題、将来に向けて中長期で取り組むべき課題があります。そして、ビジネスを止めないためには、来年の課題に今取り組むよりも、今年ビジネスが存続し、成長するための取り組みのほうが優先度が高いです。そのため、日々の定常業務や不具合対応をこなしながら、短期的な課題を片付け、そのあとに中長期の取り組みへと全社一丸となって進んでいけることが理想の流れです。

　しかし、これまで見た多くのユーザ企業で共通の悩みとしてあがるのは、中長期的な目線で重要な取り組みや整備ができていないという話です。第6章で扱った定常業務や日々の問題解決に追われて、せっかく集めたデータを活用した科学的なアプローチでのプロセス改善ができないという声をよく聞きます。「やりたくてもできていない」こと、"わかっているけどできていないこと"に対応しているうちに、また次の問題が……と、Salesforce管理者の心にはいつもやり残している重たいテーマが積み上がっていきます。

■現役管理者に聞いた「自社Salesforceの課題」
・半数以上は、せっかくのデータをうまく活用できていない、ビジネス成果につながっていないと回答
・また、老朽化（39.7%）や不具合の問題（21.9%）など、後ろ向きの問題によって苦しむ管理者も多い

管理しているSalesforceの課題としてよく当てはまるものは？（複数選択可）

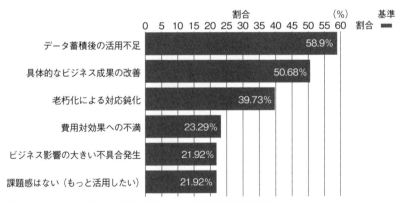

※著者がWebアンケートにて2023年11月実施した「Salesforce管理者様の実態調査」より

◆課題にはどんなものがあるか

　実際に、Salesforce管理業務における課題とはどんなものがあるか考えてみます。

　次のようなさまざまなタイミングや事情で発生する課題があげられます。これらをリストに一元管理して、課題管理を行なっていきます。

直近のビジネスイベントへ対応するための課題

　新しい商品を発売する（商品マスタの追加）、代理店販売をするための代理店マスタと商談レコードタイプの追加、電子契約サービス導入のための連携設定など、直近のビジネスプロセスの変更にともなって、業務とシステムともに変更を求められるような課題です。すでに新商品の発売開始日や、協業のプレスリリース日などの外部向けの発信やステークホルダー側の準備も始まっており、Salesforce管理者としては待ったなしで対応を求められます。

ユーザの機能要望

　前章の定常業務にて、ユーザからの問い合わせへの対応の結果、改修要望として棚上げされたものや、別途機能要望として直接ユーザから届いた要望が、何らかのリスト上に積み上がります。

定常作業の自動化／効率化

　前章の定常業務にてふれましたが、Salesforce管理者は日々問い合わせや課題など、発生ベースでの仕事をこなすほかに、いくつかの定例会議やルーティンワークをこなしています。そうした繰り返しの作業を自動化したり、効率化したいという課題です。管理者本人（またはチーム）として起票するものです。

不具合の恒久対応

　Salesforceシステムへの作り込みが増えれば増えるほど、またユーザや利用シーンが増えれば増えるほど、不具合の発生や報告は増えていきます。一時的な問題やユーザのオペレーション（操作実施）ミス、実装した機能のバグ、Salesforceのバグや障害など、多岐にわたります。中でも、暫定的な対処や手順が確立されており、問題自体は解消しているものの、再発リスクが

7

重要な課題への対応と負債の抑制

高く、ミスやエラーが頻出しそうな場合は、機能の修正や操作フローの変更など、原因によって根本的な対処を行い、以前よりも不具合に強くするための活動を企画し、課題化します。

中長期課題

　中長期的なビジネス、業務、組織の変化や、成長（拡大）を踏まえたときに重要だけれど、すぐに取り組まなくても業務に支障はないという課題です。ユーザからの機能要望は、粒度も手段もさまざまな形で飛んできますので、それらを都度チャットで対応するのは困難です。中には、内容的に同じようなものもあって、1つにマージしたりといった形で整理して対応する必要があります。

◆ よくある重要度と優先度のマトリクスの難しさ

　こうして積み上がった課題管理のリストを適切に絞り込んだり、順番に着実に対応していくために、多くの企業組織では重要度と優先度のマトリクスの概念を使ってトリアージ（選別）することを試みていることでしょう。ただし、実際には課題の特性をおさえないとあまり機能しません。その特性について解説します。

　先にあげた中長期的な課題は重要度高・優先度低、または優先度中にマッピングされ、短期課題は緊急度の高いエリアにマッピングされます。

■短期課題と中長期課題

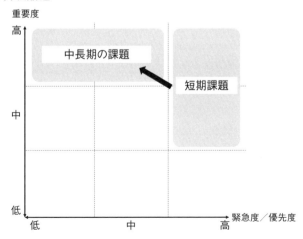

　短期的課題の特徴としては、次のようなものがあります。

- 期限が明確に決まっている
- 経営・ビジネスのようなSalesforceの前提となる事情によって、必須で対応しなければならない

　期間が絞られており、対応内容については、ある程度早期に手段化・計画化する必要があります。期間に合わせて実現を優先したり、実装する仕様や設計の検討について妥協することも、現実的に必要になってきます。半ば強制的に、意図的に技術的な負債を生まなければいけない場面です。

　中長期の課題の特徴としては、例えば"内部統制対応"、"サービス利用顧客のデータ分析基盤の整備"、"過去取引先データのクレンジング"など、抽象的で大きいものが並ぶことが多くなります。また、テーマが大きくざっくりしているうえ、その詳細は管理者の悩みの種として頭の中にある状態であるため、次のような特徴があります。

- そもそも全社、または関係者に共有される形で課題化がされていない
- "短期課題よりもTodoが見えづらく、重要性もわかりづらい"ため、すぐに手をつけられないうえ、理解されない

　このため、課題リストの中から何らかをアクションプラン化するにあたっては、短期が終わったら中長期に取り組もうという流れにならず、実際には"手のつけやすいものから進めていく"という実態になってしまいやすい性質があります。

　さらに、"効果が出そう／出なさそう"という主観も入って、手を動かしやすいものや、ユーザ側からの声の強いものを対応していくようなプロセスになってしまいがちです。そのため、重要度・優先度という軸での管理が極力機能するように意識し、工夫する必要があります。

　中長期的な大きくて粒度の大きい課題でも、まずはきちんと起票し、影響について言語化して記載します。そして、例えばそれを検討するためのとっかかりとして、"各サービスベンダーからの情報収集"を課題化するなど、大きくてあいまいなものを極力小さくて直近で実行できる具体的なアクションの粒度に揃えていくようにします。小さく断片的なアクションに落とすこと

は、違和感があるかもしれません。しかし、課題対応は机に並べたカードのうち、“次にどれにとりかかるか”という活動のため、重要度・優先度という共通軸で比較して前に進められるようなサイズのカードにする必要があるのです。

■実際にはこういうマトリクスでタスクを見てしまいがち

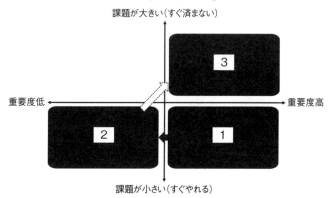

一方で、そもそも“課題”という言葉への認識を統一できていないと、粒度の異なる起票や手段と目的をとりちがえた課題が並んだり、リストに並ぶ要素の品質にもばらつきが出てきてしまいます。そこで、あらためて課題という言葉への認識統一や、具体化のために、定義を揃えておきましょう。

7-2 “課題”という言葉をふわっとさせない

“課題”と“問題”のちがいはなんでしょうか。このような話はたびたびSNSでも出てきますが、さまざまな辞書の定義を引っ張りだしたり、言葉遊びをしたいわけではありません。共通の言葉のイメージを揃えておくことが目的です。職場やプロジェクトによってはさまざま定義があるかもしれませんし、本書とは異なる意味かもしれませんが、Salesforceの標準機能を理解するうえでも、実は重要な言葉でもあります。“課題”（特に経営やビジネスにおける）の定義を解説します。

「顧客の課題は何？」、「自社の経営課題は～」、「今期の営業面での課題についてですが」と、“課題”という言葉がよくビジネスの会話の中で出てきます。

Salesforceの商談フェーズの定義におけるフェーズ2にも"課題"という言葉は使われています（5-4参照）。この言葉のとらえ方が甘いと、フェーズの認識をまちがえるだけでなく、提案の前提情報もないまま提案を進めていくことになりかねませんので、この言葉に関しては組織の認識を揃えておく必要があります。ここでは、"ゴールと現状の間のギャップ（差分）を埋めるための主要な要素や活動テーマ（アクションプラン）のこと"を"課題"と定義します。

■課題の定義

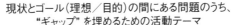

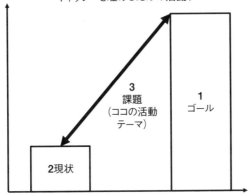

課題＝
現状とゴール（理想／目的）の間にある問題のうち、
"ギャップ"を埋めるための活動テーマ

3
課題
（ココの活動
テーマ）

1
ゴール

2現状

Salesforceの商談の場合、"課題"は"ニーズ"とも呼ばれ、そのニーズを満たすことでビジネス価値を顧客の推進者や意思決定者と合意していくからこそ、フェーズが3〜4と上がっていくという考え方をします。

よくある例をあげておきます。「二重入力で入力が非効率」、「アナログ管理で属人化」のような言葉をお客様から聞いた営業メンバーは、「うちが提案できる商談だ！」と喜んで提案書を用意し始めます。ただし、これらの言葉は"課題"と呼ぶには情報がたりません。"経営層・決裁者目線"で見たときに、現状からゴールへの差を埋めるインパクトが不明確です。営業担当者は、これを自社の製品サービスを提案すべき課題（ニーズ）だと思い込んでしまったために、きれいにまとめた提案書も、精緻な見積も、特別値引きも刺さらず、結果失注してしまいました。これは、現状起きている問題については理

解できたものの、ゴールという概念が抜け落ちていたために、単に発生している問題なのか、課題なのかを読みまちがえたためです。ゴールと現状という2つの時間軸、そしてその差分という概念でとらえなければ、二重入力がどの程度の問題なのか、優先的に解決すべきビジネス課題になりえるのかわかりません。

　既存のSalesforceユーザ企業から、パートナー企業やセールスフォース社に「新たにMAに取り組みたいので構築費用を見積もってほしい」と相談をもらったというような場合も同様です。標準的な価格や期間のようなものは参考としてあり、手頃な価格で提案できれば導入を意思決定してくれそうな雰囲気があります。ただし、ここで誘惑に負けてはいません。MAを課題としてとらえたユーザ企業は何を達成しようとしているのか、そしてMA機能を新たに組み込もうとしている既存のSalesforceの機能やデータはどのようになっているかという現状すらもわからないため、実際にはMAの導入検当以前に多くの事前準備が必要になるかもしれません。MA機能の構築に加えてWebサイトの改修も入るかもしれないので、提案範囲も絞りきれていません。望んでいるMAのしくみと、期間や価格が折り合うかは、現状とゴールを仮にでもよいので定義しないことには語れません。

　このように、"問題"と区別するための"課題"という言葉について、ゴールや現状という相対的な言葉を持ち込むことで、先ほどのような甘い認識を正したり、関係者の認識を揃えることに役立ちます。また、「デジタルを活用した顧客接点統合による組織的な顧客サービス提供ができていない」というような、抽象的なビジョンワードを課題としてつぶやく経営者がいたとします。もし、Salesforceの顧客事例でそのビジョンを実現した事例があれば、そのSalesforce活用例を実行することはその企業の課題解決になるといえるでしょうか。この場合は、ありたい姿は理解できたものの、現状のサービス業務やシステム環境が見えていません。事例にあるようなシステムやオペレーション（業務）を作ろうとプロジェクトを走らせても、そもそも既存システムや既存業務、組織体制などの理由でスタートできないなど、Salesforceの導入がすぐにはできない可能性もあります。

　現状やゴールの定義のいずれかが明確さを欠いていると、課題をとりちがえてしまいます。課題という言葉の説明と例の話を書きましたが、日々の業務改善レベルのものでも、ゴール－現状＝課題という考え方は変わりません。実現したほうがよい機能や、ユーザからの要望はなんとなくイメージできる

が、その先でどんなゴールにアプローチできるのかの言語化がうまくできないという場合は、4-3の標準機能のとらえ方でも利用した"機能→活用→効果"の3つの視点の図を使って具体化するとよいでしょう。

◆ダメな課題設定の例

「問題と課題をごっちゃにせず、現状とゴールの差分で課題をとらえましょう」という話は、Salesforce管理業務に限ったことではなく、商談における提案活動も同じで、多くの営業研修でも同様のフレームが使われます。

せっかく"課題"という言葉の認識が揃ったのに、このあと必ず出てくるのが"ダメな課題設定"のパターンです。ゴールや現状を裏返して、課題を無理やり定義してしまうやり方になります。例えば、大きくて抽象的なテーマ掲げ、それを裏返して現状や課題を導出したり、逆に現状の問題を裏返して、手段やゴール設定をでっちあげたりというものです。

次の図のようなロジック（論理展開）による企画や提案に覚えはないでしょうか。

7

重要な課題への対応と負債の抑制

■課題設定ができていないパターン

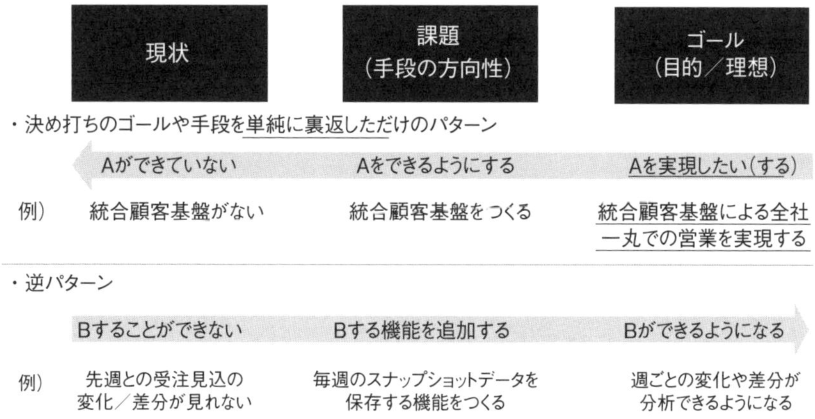

現状	課題 （手段の方向性）	ゴール （目的／理想）

・決め打ちのゴールや手段を単純に裏返しただけのパターン

Aができていない	Aをできるようにする	Aを実現したい（する）
例）統合顧客基盤がない	統合顧客基盤をつくる	統合顧客基盤による全社 一丸での営業を実現する

・逆パターン

Bすることができない	Bする機能を追加する	Bができるようになる
例）先週との受注見込の 変化／差分が見れない	毎週のスナップショットデータを 保存する機能をつくる	週ごとの変化や差分が 分析できるようになる

図にあげた例のような論理展開は、同じことを裏返して語っているだけになるため、未来に向けた取り組みとしてどの程度妥当性があるのかを検証／説得するのにはあまり意味を持ちません。こういった課題設定の候補が並んでしまうと、どこから手をつけるべきかは判断もつかず、合意もとりづらいです。

　こうした"ダメな課題設定"は、単にちゃんと考えていない、という側面もあります。とはいえ、立場や目線ごとの事情が働いて、構造的に発生する面もあるということを理解する必要があります。現場業務をよく知る担当者からは、現状や短期的に発生する問題を起点に手段やそれによる改善の姿を想起しやすいですし、事業責任者や経営になってくると、より抽象度の高いゴールイメージから逆算で必要な取り組みを導出しやすいです。また、製品やサービスを売り込むベンダーとしては、自社の製品やサービスが課題設定と整合するように、顧客のゴールと現状の理解を示そうとしやすいです。

　どの立場や目線からのアプローチでも、成果につながればよいため、視点が偏ってること自体は即座に問題ではありません。ときには手段先行で検討を進めるうちに、重要な課題に気づくこともあります。

　ただし、図のように現状・課題・ゴールがまったく同じことをいっているだけだったり、抽象化や具体化のレベルが甘すぎる場合は、どうにか思考を深めないと前に進めません。ゴールから裏返して現状を語るしかできていない場合、手段と現状の解像度が甘くなっています。手段としてあげられるのは、システムやサービスの利用など必要なしくみや道具立てが多くなり、業務・運用面でできることが抜けがちです。また、現状についてはできていないことだけがあがっていて、できていることが抜けています。今すでにある情報やプロセスなどのしくみ、維持したい強みのようなものについて考える必要があります。

　逆に、現状からゴールを裏返しで語ることしかできていない場合、手段とゴールの解像度に問題が出ています。ゴールの的が近すぎて、経営や事業目標との整合が甘く、実行する価値を評価できません。手段についても、現状の特定のシステム機能や業務手順の延長で継ぎたす方向になりやすく、全体で見たときに代替や妥協が可能な案がある中で、しくみを増やしてしまいがちです。

　いずれもそれぞれの立場や目線のちがいもあり、現状・課題・ゴールが全社視点で適切に設定できないことはある程度避けられません。経営判断をせずに立ち止まっているよりは、解像度が甘くてもリスクをとってアクションしていくのも、実際のところ大事です。現状・課題・ゴールの粒度や整合性にこだわり抜くのも絶対の正義ではありません。急がず、諦めずに異なる立場や目線の人を巻き込み、時間をかけて協議していくことは価値があるものです。

　余談として、エピソードを1つ書いておきます。最近は減ってきましたが、Salesforceを活用したプロジェクトで、"××システム再構築"という企画書が社内で持ち上がったり、社外のシステムインテグレーターに提案依頼書として提示されるパターンがよくありました。現状システムの問題点と今後実現したい機能がリストアップされ、"これらのリストの要求を踏まえて過去のシステムにとらわれず再構築してほしい"というような内容です。当然、"現状できていること"という情報が抜けていますので、今できていることは失わず、でも問題点はなくして作り直してほしいというのは無理な話です。

　このような適切に課題設定ができていないプロジェクトは、訴訟問題のようなトラブルに発展していきました。課題設定がされていないプロジェクトの場合は、たりない情報をかき集め、その情報に合わせてシステム化の目的を調整し、議論して、システムの完成イメージを合意していく工程が必要です。そのため、リスクを織り込んだ予算・タスクと期間・品質を設定しなければ、のちのちのトラブルへつながります。また、多くの調整ごとをこなし、折り合いをつけるように立ち回るプロジェクトマネージャーには、非常に高いスキルを求められることになります。

　現状とゴールを踏まえ、取り組むべき優先的な課題を整理することは、Salesforceの機能にいくら精通していても、技術力があっても、第三者には難しいものです。経営者やマネージャー、現場のメンバーといったSalesforceシステムの利用者自身が、可能な限り自分たちの課題を理解し、言葉にすることは、Salesforceを使ってビジネス課題を解決する前提として最も重要なことといえます。「自分が苦労すればよいことだ」と無茶を飲み込まずに議論を起こすことは、結果的に全員のためになります。

◆課題管理とは"課題候補"の管理

　"課題"とは、現状とゴール（目的）の間のギャップを埋める主な問題やアクションプランという定義をしました。その定義でいえば、前述したような課題管理のリストは、記載されたものすべてが"課題"というよりは"課題候補"という扱いになります。課題の候補となるテーマを積み上げていって、その中で"課題"らしさを評価し、実行計画に落とし、実行していくというプロセスで課題を管理します。

　次のような課題管理の注意点を意識しつつ、記載された要素を管理します。

■課題管理は課題"候補"の管理

直近ビジネス課題の対応に必要なSalesforce改修

"どうせやるようなもの"でも一旦棚上げしておき、客観性を担保

日付	種別	発生源	件名	重要	優先
2024/4/1	修正	問合せから転記	xxxx		
2024/4/1	要望	直起票	xxxx		
2024/4/1	検討	管理者起票	xxxx		
2024/4/1	改修	別課題から	xxxx		

ユーザの機能 要望の積み上げ （あれが欲しい／これが欲しい）

定常作業の自動化／効率化 （面倒、非効率）

不具合の原因修正／恒久対応策 （再発させない）

中長期ビジネス課題の対応に 必要なSalesforce改修の検討

課題候補の積み上げと実行計画
（課題管理）

抽象的で大きな中長期課題は記載されていないか

・記載が漠然とすると緊急度の高いタスクが優先され、備忘にしかならないため、一部を小さい課題に分解して粒度を揃え、とっかかりになるタスクは着実に進める

・中長期課題の発見や検討のための課題、または定常業務（ユーザ部門との定例会など）をセットする

"課題"の設定が甘くなっていないか

・現状とゴールの差分として、インパクトがわかるよう記載する
　または、すぐに記載が難しい場合は、あとから検討して追記する

・原則的に、記載の甘いものは重要度を中か低に設定する

　課題管理は絶対の正義ではありません。あくまでも合理的な判断を共通認識としたり、課題対応の結果をあとで振り返るために利用します。Salesforce管理上の事情ではなく、ビジネスの事情、経営者や事業責任者の声によって優先度が高く、課題解決効果が不明瞭なものを実施することも実務上あり得ると思います。その場合は、あとあとからその判断が実際に期待した結果や効果をもたらしたかといった観点で、組織的に議論することが重要です。管理者だけでなく、ユーザ側もともに成長することがSalesforce管理の成功条件です。

7-3 課題対応の時間を圧迫する不具合対応や "負債" の問題

　本来、課題の評価の仕方は比較的シンプルです。重要度（ギャップの埋まる量）と緊急度／優先度（早くやらないといけない度合い）を意識して、いずれも高いと評価されたものが、最も実行順序が早くなります。課題をこなしていれば、いずれ重要度が高く、優先度が高くないものにも順番は回っていきます。それでも、やはり中長期の課題にはなかなか手がつきません。それは負債の影響かもしれません。

　Salesforceの運用を開始したそのときから発生する定常業務に加え、**不具合対応**、そして見えないコストとして定常業務や不具合、課題対応によるシステム変更の業務にも影響を与える**負債**という問題について考えていきます。

7

重要な課題への対応と負債の抑制

■重要度の高い取り組みに手がつかない

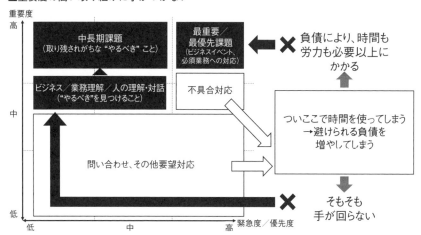

◆発生する3つの不具合

　不具合、つまりSalesforceシステムの動作が期待どおりにならず、エラーメッセージなどで操作が進められなかったり、データや画面が変更されず、ユーザから報告を受けるといった事象です。ただの操作に関するユーザからの問い合わせなどとちがい、システムが通常どおり動いていないため、なるべく早く業務を元通り遂行できるように対処する必要があります。これらは、

通常の課題対応よりも優先的に対応せざるをえない割り込みのタスクです。

　発生するシステムのエラーには3種類あります。

物理エラー

　実装機能のソースコードや設定内容が問題で、機能を実行したときに想定外のエラーが発生します。一般的なエラーのイメージといえるかもしれません。主に、LWCによる画面開発やApexによる内部処理の拡張を行なったときなどに発生します。通常のクリックベースのカスタマイズ変更ではあまり発生しませんが、フロー機能を利用したローコード開発の内容によっても発生します。

　このエラーは、開発者／実装者にとっては非常にいやで厄介な存在ですが、管理／運用のフェーズでいえば、実は意外に怖いものではありません。プログラムや実装内容の不備によるエラーであることが明らかですので、基本的には一定操作手順、データで再現します。そのため、事前にSandboxでテストをしたり、動作確認をしたりする中でエラーが発生し、気づくことができます。少なくとも、一度に大量のユーザが使い始める機能を何もテストをせずに本番環境へリリースするようなことは多くないでしょう。また、リリースする時間を極力利用ユーザが少ない時間にするなど工夫したうえで、リリース後の動作確認をしておけば、エラーに気づいても当該機能を無効化するような対応はすぐにとれます。日々動いている業務への影響は限定的にすることができます。

　気づきやすく、止めやすく、実装不備は原因もハッキリと特定しやすいというのが物理エラーの特徴です。これまでの運用作業を圧迫するものではないと思うと、さほど怖いものではありません。次にあげる2つのエラーのほうが、日々の業務への割り込みやそのときの影響、課題管理を難しくする要因としては大きいです。

論理エラー

　物理エラーと対比した表現ですが、システム的なエラーはなく、実装した機能やプログラムは基本正常に動作完了してしまいます。システム的、プログラム的には正常終了、ただし、実行結果が期待したものと異なったり、特定のパターンでのみエラーが発生するようなケースです。つまり設計のバグです。

　例えば、ある取引先を更新すると、その取引先に紐づいている商談レコードの値を更新するようなフローによる自動化処理を組んだとします。そのとき、更新対象のレコードを指定する条件設定をまちがえてしまって、フローとしては設定どおりに動いていてエラーも出ないけれど、まったく関係ない商談レコードの値も更新してしまったというようなものが論理エラーです。対象の商談レコードだけを見ると、きちんと更新されていてエラーもなかったので、問題なく動いたと考えてしまい、あとで別のユーザから「自分の商談レコードの値が知らない間に書き変わってる」と連絡を受け、遅れて発覚します。

　システムからエラーメッセージなどは出ないため、ユーザは機能の動作が、業務的に期待している挙動と比べておかしいことにすぐ気づけないため、非常に厄介です。この場合、対象の論理エラーを起こす機能を止めるとともに、そのエラーに該当してしまったレコードがほかにもないかといった影響範囲の調査、そのデータ修正のためのリカバリに時間がさかれてしまい、前向きな課題対応どころではありません。例にあげたのは比較的動作不良がわかりやすいパターンですが、実際にはまちがっているかどうかもよくわからず、数字を集計してみて気づいたり、レアケースで発生するものだったりで、バグの箇所がわからないまま負債として残ってしまうことも多いです。

　影響範囲が複数レコードにわたる怖い論理エラーを起こすような一連の処理を実装し得るのは、基本的にはローコード開発のフロー機能か、プロコード開発のApexやLWC言語[注1]による機能実装です。いずれも実装内容が読み解けない場合は、Web上に落ちているコードやフローを模倣しての実装は避けて、別の機能や運用回避での実現を検討します。社内かコミュニティ、セールスフォース社の協力を得るなどして、レビューしてもらうことが可能な環境を作ってから、挑戦するのがよいでしょう。

プラットフォーム制限によるエラー

　日々問題なく利用でき、エラーもなく動いていたSalesforce環境で、昨日までは問題なかった操作で急にエラーが起きたり、管理者にエラーメールが飛んでくることがあります。また、特定条件で必ず起きる物理エラーとちがって、うまくいくとき、いかないときがあるシステムエラーが発生します。

　Salesforceのプラットフォームはマルチテナント型のクラウドサービスの

注1）Salesforceの機能拡張に利用する独自言語のこと。

7

重要な課題への対応と負債の抑制

ため、大きなサーバーリソースを持つ1つの実行環境上に多くの利用企業が共有してアクセスし、論理的に区分けされた個々の企業向けのSalesforceアプリケーションを利用しています。そのため、特定の企業が全体のサーバー向けリソースを独占しないために、さまざまな制限がかけられています。代表的なものは"ガバナ制限"や"エディション制限"です。

ガバナ制限は名前を聞いたことがあるかもしれません。Apexなどのプロコード開発技術を扱うSalesforce開発者にはなじみにがあり、うまく付き合う相手として、または効率のよいコードを書くための枷やギブスのようなものとして知られています。「Salesforce　ガバナ制限」で検索すると、多くの解説ブログもヒットします。もし、Salesforce管理者自身が開発を行うことがなくても、外部のパートナーが行う場合や、AppExchangeなどの別パッケージをインストールして利用する場合は、今後発生する可能性がありますので、どのような制限があるのか知っておくとよいでしょう。

エディション制限は、ユーザ企業が契約しているSalesforceライセンスのプランごとに異なる制限のことです。製品ごとやユーザごとに異なるわけではなく、契約したSalesforce環境全体のグレードがエディションごとに異なります。グレードが高ければ利用できるカスタムオブジェクトの数や保存できるレコード件数、ファイル容量などが増えるといったちがいがあります。「Salesforce　エディション　制限」といったワードで検索すると、該当の公式ヘルプがヒットするはずです。

ほかにもフロー機能の制限など、機能ごとの制限やわかりにくい仕様の制限があったりしますので、フローや入力規則など少し込み入った機能を利用するときは「（機能名）　制限」や「（機能名）　考慮事項」でヒットする公式ヘルプを確認することをおすすめします。画面は今後変更される可能性がありますが、2023年11月時点ではSalesforceの設定画面のうち、"システムの概要"という項目から主な制限と利用状況について把握できます。

プラットフォームによる制限は、主に利用ユーザの増加やレコードの増加、実装している処理の増加、一時的な処理の負荷など、実装している機能の設計に直接依存せず、プラットフォーム側の制限に抵触したときに発生します。そのため、何らかの機能改善をSalesforce管理者が行なった直後ではなく、その後1年たって問題になるといった形で、徐々に膨らんだ風船が破裂するように問題を引き起こします。

■システムの概要

◆不具合を抑制する

　不具合を抑制するというテーマだと、通常のシステム開発、プログラミングではきちんとしたテストの設計や実施、設計のレビューといったことが語られます。Salesforceと管理者を取り巻く環境はやや特殊で、基本的にはSalesforceの標準的なカスタマイズの範囲であれば、影響の大きな物理エラーといった不具合は起きないこと、社内に有識者が1人もいないという場合が多いことを踏まえると、現実的な対策は異なるように思います。

1.物理エラーをおさえる

　事前の動作確認を行って現場ユーザへ提供します。一部ユーザに先行して使ってもらう（ユーザテスト）ことで、実際の業務でのテストを簡易的に実行して展開します。ユーザリリース直後は目で実際に関連する操作を確認します。このような専門知識のいらない手順でも、おおむねおさえることができます。

2.論理エラーをおさえるために、そもそもローコードやApexなどプロコードでの開発をおさえる

　適切な課題設定が確認でき、重要度・優先度的にも実行すべきものだけに絞りこむことで、極力システムの複雑な実装を入れずに運用的に回避します。

重要な課題への対応と負債の抑制

7

3.負債をおさえることを意識して機能を実装

2で実装機能規模を抑制しつつも、一定はビジネス要件上実装することになる機能が出てきます。そのとき、ある種時限的、突発的に発生するプラットフォーム制約によるエラーを抑制したり、Salesforce内の機能が増えて複雑化することによって発生しやすくなる論理エラー（設計バグ）を抑制するために、"負債"の抑制を意識して課題対応を行なっていきます。発生する不具合自体を修正することが、"腫瘍を小さくすること"だとしたら、負債をおさえることは"腫瘍を小さくすること"や"癒着をはがすこと"です。負債が少ないほど、不具合対応を含めSalesforceに手を加える作業は捗ります。

3点目の"負債"の扱いについて、別途次の節で解説します。

7-4 "負債"とは何か

負債とは**技術的負債**とも呼ばれ、"今後、新しい取り組みを行うにあたって邪魔になってしまう、システム上の機能やデータ"を指します。基本的には、まっさらな状態で新規でシステムを作るよりも、あとから機能を追加するほうが難易度もコストも上がります。新規の場合は、まだユーザもおらず、データもなく、気にかけるべき要素や、実装によって発生する既存の業務やシステムの影響がないからです。システムは使っていくそばから、将来負債の候補となる要素がたまっていきます。そのため、負債の発生や増加自体は避けようがありません。

問題となる負債は、何らかSalesforceに改修を加えるとき、それが将来予想されるビジネスや業務変更の邪魔になることが本来避けられるのにもかかわらず、対処なく、無意識的に仕込まれたものです。負債があると、定常作業の対応も、別の改修作業のときも、難易度が上がってコストが高かったり、本来得られるはずのリターンが目減りしたりするため、あとあと払う利息が高くつきます。どんどんと首が回らなくなっていくイメージに見立てて負債と呼ばれます。

Salesforceシステムの管理における負債には大きく2つの負債があります。"設計的負債"と"運用的負債"です。

設計的負債は、突き詰めるとデータモデルとデータフロー（オブジェクト

間の連携や外部システム連携）の課題でこちらのほうが中期的でかつ深刻です。プロコードや複雑なビジネスロジック（データ関連の内部処理）の癒着によって簡単に患部を摘出することもできなければ、血流が複雑すぎて詰まった血管を人口血管でバイパスすることもできません。下手すると逆流事故です。いわゆる“よくない作り”で作られた機能やデータモデルなど、設計上の考慮が甘い箇所のことを指します。

運用的負債はたまったゴミです。日常的にも小さな問題を起こし続ける生活習慣病のようなものです。Salesforce全体としてのシステム的・ビジネス的なパフォーマンスが下がります。レポートが作りづらい、カスタマイズしづらい、データが見づらいなど、こうした地味につらい問題になります。ざっくりといえば、作った機能やデータ構造と、実際にきちんと使っている機能やデータ構造の差分を指します。ユーザからの要望で実装した機能やデータのうち、ほぼ使われていない機能や、中途半端に放置されたデータといったものがあげられます。

いずれも負債として、今後に向けた課題対応を進めるときに必要以上に邪魔になってきます。完全に避けることは難しいものの、発生を抑制することはできます。どのようなアプローチでそれぞれの負債を抑制していくかを考えていきます。

7-5 設計的負債を抑制する

中期的かつ深刻な設計的負債の発生は、今後のSalesforceシステムへの要求を完全に見通さない限り避けようがありません。ここでは、設計的負債を生み出さないことよりも、抑制するという観点で現実的な注意点をあげていきます。

◆なぜ、大事なときに限って不具合が起きるのか

新しい機能や画面のリリース日、他システムからの移行データの投入時、リード獲得のための大規模な展示会イベント開催時、なぜかそういった大事な場面でトラブルが起き、徹夜作業になってしまったり、業務に大きく影響を与えてしまい、運用回避のアナウンスに追われ、一日中冷や汗をかく羽目になったりという経験がある人は多いかと思います。

　設計的負債があると、次のような場面で不具合を起こしやすくなります。

　1つは、"量"的な考慮の不足が要因です。例えば人の量。展示会イベントがあれば、リードや活動データへの画面機能、データ登録の機能に普段よりも多く人がアクセスします。ほかにもデータの登録・更新の量。新機能のロールアウト（展開）を行うとき、Salesforce管理者からの案内にもとづいて、朝から一気に全ユーザが利用を始めたり、新しい事業部にもSalesforceの利用範囲を拡張す場合は、その事業部がもともと持っていた取引先マスタや商談などのレコードも一気に投入することになります。こうした量的な変化を考慮していない設計は、少ないレコードで行うSandboxでのテストや、簡易な動作確認ではエラーを洗い出しきれず、ユーザやデータアクセスの集中や、Salesforce運用開始からの期間の経過によって、制限によるエラーが発生します。

　もう1つは、"複雑さ"による要因です。Salesforceは多くのカスタマイズ箇所が用意され、その分設定画面も多岐にわたります。中にはレコードの保存後に動くという点で類似するいくつかの機能があり、それらを組み合わせて利用する場合は、どの順番で動作するのか理解しておく必要があるなど、複雑なカスタマイズができてしまうという特徴があります。そのため、複雑な設定がある環境では、関連する機能の影響や組み合わせての動作を意識する必要があり、何か追加の機能をリリースする難易度が上がります。関連するほかの既存機能を意識せずにある実装を行なってしまった結果、既存の機能やデータにまで影響を与える論理エラーを起こししまったりします。最も複雑に動くパターンだと、次の図（公式サイトからの引用）のようになるため、恐らくこのような動きを頭でイメージできている管理者は少ないでしょう。複雑性のある設計を入れるときは、必ずそのデータや処理の流れをドキュメントに図示しておくことが最低限必要です。フローの実装がどれだけ得意でも、同時に負債のリスクと、他者向けのドキュメントを残すコストが同時にかかることを踏まえて実装する感覚が必要です。

■レコード保存後に動くカスタマイズ処理の流れが記載された公式ドキュメント
　とにかく処理の流れが複雑であることがわかる

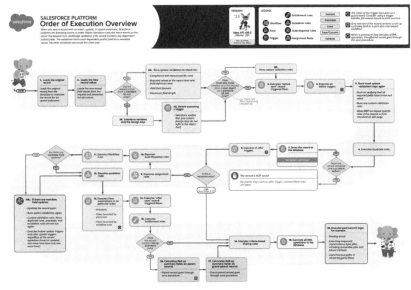

出典：2023年11月時点　https://architect.salesforce.com/fundamentals/architecture-basics

7　重要な課題への対応と負債の抑制

◆便利で怖いレコードトリガフロー
〜開始条件／検索条件はこだわり抜く〜

　ユーザアクセスの増加（操作の増加）、データの増加で問題を起こす主な要因は、Apexコードで記載されたトリガプログラムや、フローの一種である**レコードトリガフロー**など、レコード保存処理をきっかけにしてユーザの見えない所（システム内部の処理）で実行される一連の自動処理です。

　レコードトリガフローのよくある使い方は、レコードの保存時に自動でほかの項目を更新するような自レコードで完結するフローか、親レコードなど関連するレコードの値を保存しにいくクロスオブジェクト（オブジェクトをまたいだ）のフローです。前者の自レコード内で完結するフローは、例えばとあるレコードのフェーズが2から3に変わったときに、その変更された日付をステップ変更日という項目に入力するといったもので、シンプルです。自オブジェクトで処理が完結するので、もしフローの処理に論理エラーがあったときにも影響範囲が広がらず、特定しやすいため、危険性は低いです。後者のクロスオブジェクトのフローは、技術的負債の温床になりやすいため、

実装するときや、すでに実装されたものがある場合は注意が必要です。例えば、クロスオブジェクトのフローが複数あって、フローの起動条件が緩い場合、次の図のように処理がつながってしまう可能性があります。

■クロスオブジェクトのフローが複数あってフローの起動条件が緩いと……

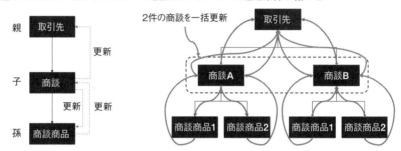

処理がお互い起動し合ってしまう

　実際には、処理が無限ループしないようにSalesforceプラットフォームの仕様と制限が存在します。図のように、商談を更新して、その下に紐づいている商談商品をそれぞれ更新するだけのイメージでいたところ、「商談から取引先を更新するフローもあったことを見落とした」となると、実は意図せず取引先を更新する処理が無駄に実行されていることになります。また、そもそもこのようにお互いに更新しあうようなフローが存在しているとなると、どのように新しく作るフローを設計したらよいか、それぞれのフローを読み解かないと考えることができず、新規の作り込みも難易度が上がってしまいます。

　このように、開始条件が緩くて、どんな更新のときにも動作してしまうフローがあると、機能の追加や改修時に論理エラーの温床になります。また、データ移行やイベントなどで普段より多いデータを一括でインポートするようなことがあると、無駄な更新処理が裏で動いた結果、プラットフォームの制限でデータのインポートが失敗してしまうといった問題を引き起こします。

◆フローの見直しと注意ポイント

レコードトリガフローを作るなら開始条件、検索条件にこだわりぬくこと

　前述のとおり、開始条件が特になく、"商談が更新されたら"、"取引先が更新されたら"といった条件だけで毎回動いてしまうレコードトリガフローがないかを棚卸しし、開始条件の見直しを検討しましょう。たとえフロー内の判断条件で、実際には何も処理をしないような作りになっている場合でも、フローの起動と終了という処理は走ってしまい、積み重なると大きな負荷になります。チェックボックスがついていたらとか、フェーズが××になったらといった条件の場合も、チェックがオンになっている間は更新するごとに起動するのか、チェックがオフからオンになったときだけ起動するのかといった起動条件のちがいがありますので、より適切に開始条件を絞り込むようにしましょう。今後ユーザが増えたり、新機能のリリースで一時的にアクセスが増えたり、データ移行やデータ連携で一括でレコード取り込みが発生した場合に、処理時間がかかってしまい、CPU時間のガバナ制限超過のエラーが発生するということがよくあります。

1フローに全処理を詰め込まない、同じオブジェクトへの複数フローをばらばらに作らない

　設定の複雑さは論理エラーを仕込むリスクを高めます。そのため、一連の複数処理を流れ図で設定しているフローの設定も読みやすさが重要です。1フローでいろいろな処理をやろうとすると、どうしても記載が長くなりすぎてしまうため、このレコードを保存したらどんな処理が行われるのかがわかりにくくなります。だからといって、同じオブジェクトへのレコードトリガフローを複数別々に作ってしまうと、どのフローから順番に実行されるのかわからず、処理の前後関係を考慮して実装することができません。

　レコードトリガフローで記述したい処理が多い場合や、すでにいくつものレコードトリガフローが同じオブジェクトに対して存在する場合、レコードトリガフローは1フローにまとめ、1つの処理目的ごとに1つのサブフロー（子フロー）を用意して呼び出す形にすると、読みにくさによってバグを仕込んでしまうことを抑制できます。こうしたベストプラクティスは、実はセールスフォース社公式のヘルプページに多く公開されています。「Salesforceフロー　ベストプラクティス」などで検索してみましょう。

7-6 運用的負債を抑制する

　Salesforceは拡張性が高く、柔軟にカスタマイズできるしくみのため、ユーザからの追加機能要望は絶えません。興味を持って使ってくれるのはよい面もありますが、Salesforce管理者がカスタマイズの下請け役になってしまうと、機能追加につぐ機能追加を繰り返して、要求された"俺の考えた最強のSalesforce"を作らされることもあります。しっかりと課題の定義によって各課題のゴールや価値を明確にし、重要度や緊急度で課題を選別することで、システムでなんとかすることへの過度な期待させず、改修範囲を極力絞り込み、機能を提供しても、ユーザたちが通ったその道には、やはり使われない機能やデータが残ってしまうものです。

　PDCA、PDCAとSalesforceのユーザ企業や現場のマネージャー・経営者は口を揃えていいますが、PDばかりを繰り返してしまっていないでしょうか。課題設定までは悪くないように見えるため、管理者も想定として聞いた業務フローに合わせて機能やダッシュボードを用意しますが、それがうまくいったかわからないうちに次の要望が……という場合は注意が必要です。

◆Salesforce活用の鉄則　DX推進の4ステップ

　第5章で解説したとおり、Salesforceの軸には達成のためのマネジメント技術の考え方と、そのデータドリブンなプロセスマネジメントをきちんと機能させて効果を定量的に発揮していく組織文化作りがあります。こういったいわゆるDXの鉄則として、次の4ステップがあります。

1.実装／導入：システムや機能を作る
2.運用：使わせて、データをためる
3.活用：可視化・分析・改善
4.再投資：さらなる成果を発揮するために機能を改善／追加する

　うまくシステムと業務が機能すると、1→2→3→4と進み、システムが少し噛み合わない場合、1→2→3をリトライして、改善効果が出るか試みます。作ったものがうまく業務として機能しないのに、新しい機能をつけたすのは、定着化の難易度を上げるだけで、効果につながりません。そのため、もし試

してみてうまくいかなかった、うまく使えなかった機能があれば、それを捨てて、新しいアプローチであらためて1〜4のサイクルにチャレンジするというのが鉄則です。

■Salesforce活用の鉄則と4ステップ

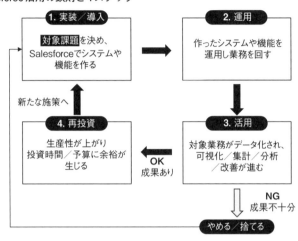

効果が出なかったのに、
やめる／捨てるをせずに残したものは負債の温床

◆可視化したら"視る"を徹底させる

　鉄則は先ほどの4ステップですが、実際には1で用意したシステムに対し、2の業務をどの程度責任持ってやったかわからないまま、次の実装要望がきて……と1〜2をひたすら繰り返しているような現場も多くあります。せっかくシステムと機能を用意し、そしてユーザに展開してデータが入って視える化したのに、データを使ってマネジメント活動をしない、つまりデータの"視る化"が甘いケースがほとんどです。3のステップは、きちんと2のステップを踏んで業務を回さないと実施できませんので、1で作った機能の要望を出したユーザは、2できちんと使い／使わせて業務を回す責任があります。

　例えば、毎週の受注見込が見えるようになったのに、先週と今週って下がったのか上がったのか差分がわからないと追加要望が出たケースです。先週時点で受注見込のデータを深掘りし、キーとなる商談や活動状況を確認、適宜

担当にアドバイスするなどの"視る化"ができていれば、ただ漠然と差分が見たいという要望にはならなかったはずです。この場合、3のステップにきちんと進んでいません。本来やるべきはデータを視て、考え、改善を試みることであって、先週と今週の差分が見えるスナップショットをシステムに付け加えさせることではありません。

　ユーザと管理者は対等に責任を持って、顧客やビジネスの成功に向けて力を合わせる関係性を目指して、機能は作ったら使う、データは可視化したら視るを徹底します。

◆ゴミデータ、ゴミ設定を掃除する

　この4ステップがきちんと回った場合、運用にのって改善され続けるしくみが残り、不要なものは明確にやめる／捨てることになります。当該の機能とそこに投入されたデータは不要なものですので、これらを削減することによって必要なものだけを残して、極力スリムで扱いやすい環境を維持することができるようになります。

　ただ、実際には項目の削除だったり、機能の削除だったり、引き算していく作業は比較的慎重に進める必要もあるうえに、クリックでひとつひとつ消していくような作業は時間がかかります。現実的には、やめると判断した機能は速やかに、ユーザからは非表示になるようにしつつ、設定名に不要であることを示すような目標をつけるなど、簡単に区別できるようにだけしておくといった形で、いずれかのタイミングにまとめて大掃除するような流れがよいかもしれません。

　こうした、今は使っていない項目や、オブジェクトや機能やレイアウトといった設定が、現役で利用されている機能と区別されていないことで、あとあとの別作業で邪魔になったり、人員の増強をしようにも、新しいメンバーにとってハードルの高い環境になってしまいます。緊急度は高ではないものの、重要な取り組みといえるでしょう。

7-7 本当の"負債"は"そのとき"までわからない

　設計的負債、運用的負債について、その代表的な発生の構造を解説してきました。巷でよく聞く負債として、「Field1__c」といったデフォルトの項目名を使っているとか、データが汚いとか、部門個別最適で作ってしまっていて、統合するのに手間がかかるといったものがよくあがります。

　ただ、"負債"の定義でいえば、"今後、新しい取り組みを行うにあたって邪魔になってしまう、システム上の機能やデータ"ということになるので、実際には"今後何をするか"によって、過去のものが負債になるかどうかが決まるという関係にあります。「Field1__c」のような初歩的な負債は、わりと早い段階で気づくことになりますが、それ自体は即座に問題になりません。

　例えば、1つのSalesforce環境で事業部ごとにデータや画面を分けて別々に構築してしまったSFAというのは、広い意味での"ベストプラクティス"と呼ばれる一般的な最適解には当てはまらないのかもしれません。しかし、もしその後事業部ごとに一定の規模になったタイミングで分社したり、売却したりする想定があるのであれば、むしろ個別最適化した環境のほうが都合がよいかもしれません。この場合、スピード優先で個別最適化され、事業部間のシナジーも効率化も狙わないようなSalesforceの実装は、負債とは呼びません。

　いかにも負債らしく見えるものや、セオリーから外れるものでも、その後の会社の行末次第ではその大きさも、負債となるかならないかすらも変わってしまいます。すべては今後次第です。ベストプラクティスは意識しつつも、実際には何が"負債"になるか、"今後"のビジネスとそのときのシステムに求められる対応が見えなければわかりません。

　将来に向けてより負債が少なく、成長していけるSalesforceと管理者業務を作っていくために、未来の姿とそのための検討課題について第4部で考えていきます。

7

重要な課題への対応と負債の抑制

第4部
ビジネスの変革を
担う管理者になる

　第3部では、Salesforce管理者が日々行う定常業務や、日々の延長で発生する課題や要望への向き合い方について考えてきました。

　一方、企業の成長は日々の業務と改善の延長線上にあるわけではありません。中長期では、外部環境が変化し、自社の商品やサービスといったビジネスの軸が変化することもあります。もっと身近なところでは、従業員の増加や組織の複雑化、それにともなうマネジメントのあり方やシステムによる効率化など、同じやり方をただ磨いていくだけでなく、新しい課題へ向き合い変化していく必要があります。

　Salesforceはビジネスを変革するためのプラットフォームです。Salesforce管理者の仕事はシステムの維持改善だけではありません。最も重要な仕事は、会社のビジネスの変化を支え続けることです。日々の仕事をいかに効率化し、不要な業務や作り込みを行わないように心がけようとしても、そういった中長期での重要な課題として「一体どんなものが自分の会社に発生するか」ということを考えなければ、あらかじめ"負債"を抑制するように過ごしたり、影響の小さい課題を無視したりといった取捨選択もできません。また、いざ新しいテーマへの対応を必要とされたときに、前提知識がなければ管理者として主体的に動き出せません。

　目先のタスクをこなす守りのIT担当者としてではなく、変化するビジネスを実行するプラットフォームにおける攻めの管理者を目指すために、会社のビジネスとSalesforceの今後について考えていきます。

第8章

Salesforceシステムの未来の姿をイメージする

　第2部で解説したように、Salesforceの軸にあるのはSFA、特に商談を中心としたパイプラインマネジメントによる目標達成のためのプロセス管理です。これだけであれば、ほかのSFAサービスや営業コンサルティング会社のサービスと何ら変わりはありません。しかし、営業マネジメント理論とSalesforceという道具を高度に使い倒したセールスフォース社自身のノウハウ、多くの顧客事例、支援サービス、そして高度なプロダクト機能が支えることによって、営業プロセスを洗練させたあとに発生する集客や囲い込みの課題など、広がっていく経営課題全体をSalesforceの各製品のつながりによって全方位にカバーしていける点は、Salesforceの大きな優位性、サービスとしての選択意義の1つです。よって、自社のビジネス成長に合わせて、ビジネス課題がどういう変遷を遂げていくのかという視点が求められます。

　また、Salesforceが広義のCRMとして、広範にわたってビジネスプロセスを支えるシステムである以上、企業システム全体の中でどのように他システムとすみ分けをしたり、連携していくのかという全社のIT基盤の一部という面も無視できません。いわゆるSFAやMAなどのCRM用途以外に、さまざまなビジネスアプリケーションをAppExchangeを通じてアドオンすることもあるでしょうし、ローコード開発の強みを活かして自社独自の業務アプリケーションを構築する場面も出てくるでしょう。Salesforceの標準機能や製品だけでSalesforceをとらえるのではなく、周辺に存在する業務やシステム領域についての理解を広く行なっておくという視点も管理者には必要です。今後のSalesforceの姿と求められる知識をイメージしていきましょう。

8-1 なぜ未来に目を向ける必要があるのか

　第3部までのおさらいを兼ねて、なぜ手元のSalesforceやそのカスタマイズのための知識／技能ではなく、未来のビジネスやSalesforceについて考えておく必要があるのかを整理しておきます。

　第3部の中で次のような点を解説してきました。

- Salesforce管理者はITタスクをこなすシステム担当ではなく、ビジネスのプラットフォームであるSalesforceを管理し、ユーザ側はそれを活用するというフラットな関係で、顧客の成功や会社の成長のため協業し合う役割であること
- 管理者業務のうち、新たな付加価値ではない不具合や、定常業務の対応を極力抑制したり効率化することで、課題対応へ注力し、Salesforceの活用度や効能に付加価値をつけていくことが重要であること
- 課題の中でも、中長期的な課題は大きく抽象的だったり、そもそも見つけにくかったりするため、つい温度感が高く、明確で求められている短期的な課題ばかりを対応してしまいがちであること

　会社の成長を将来的に支えていくためには、中長期的な視点でSaleforceを整えておくことが重要だと頭ではわかっていても、漠然と世にいうベストプラクティスのようなあるべき論は、なかなか耳を傾けてくれる人がいません。また、管理者自身の忙しい実務を踏まえると、現実的にはこだわり抜けないことが多く、"やったほうがよさそうでやれていないこと"が積み上がっていきます。こういったモヤモヤ感は、どんな仕事を任されても避けられないものではありますが、ただなんとなく"よくなさそう"と問題を抱えておくのは、精神的にも前向きになれずよくありません。

　やったほうがよいけれどできていないことや、これまでやったことが、将来においてどの程度負債として重くなっていくのかは、今後向かう将来の姿によります。そして、企業が生き物である人間の集合で、経営者もまた人間である限り、どうなるかはわかりません。未来が不確実な以上、絶対の正解もありません。そのため、漠然とやれていないことに悩んだり、やってきたことの甘さを気に病んだり、問題を大きくとらえる必要もありません。

Salesforceシステムの未来の姿をイメージする

■未来について考える

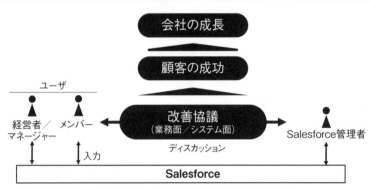

Salesforceを通じて共通の認識でつながる
システムだけでなく業務とビジネスを育てる

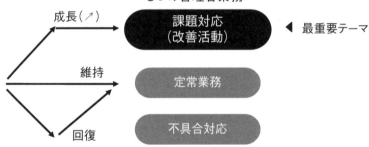

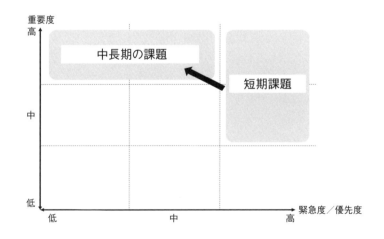

　とはいえ、いずれどこかで壁にぶつかるときは誰にも訪れます。どんなことが将来起きるかはわからないけれど、ビジネスの成長やSalesforceの変化、企業に必要なIT基盤には基本的なパターンはあるので、それを自社に置き換えて想定しておくことで、多少は応用がきく形でとらえられるはずです。

　筆者の目線で見ても、こうした本質的で中長期的なシステムの発展に関する課題は、実はこれまでの10数年Salesforceのさまざまなプロジェクトを通して、大きく変わっていない部分にも思います。今後対処すべき、中長期の課題にどんなものがあるか、課題のもととなるビジネスの成長と価値観の変化、そしてSalesforce活用フェーズと課題の変化、その結果行き着く企業における全社IT基盤とSalesforceの位置づけという流れで考えていきます。

8-2 ビジネスの成長と3つの価値観の変化

　ドキュメントがなく、仕様がブラックボックス、属人化またはベンダーロックインによって柔軟性がない、データが整っておらず集計も分析も多大な工数がかかる……これらのよくある"中長期課題"。重たくて根深い悩みは結果論として発生し、いざ向き合ってみると、「前もって××しておけば」というような反省ばかりが聞こえてきます。すでにみなさんの会社のSalesforceでは起きているかもしれませんし、これからかもしれません。なぜこのようなステップを踏むことになるのかを理解することで、受け入れるべき部分と、対処すべき部分を考えるヒントを探ります。先にあげたような重たい悩み、課題は、平たくいうと次の3つの価値観の対立から発生します。

- 短期的投資と中長期的投資
- 商品起点と顧客起点
- 個別最適と全体最適

■ 3つの価値観変化

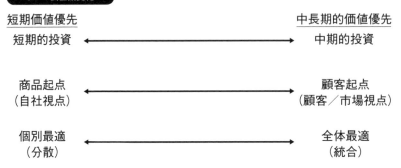

いずれも図の右側の価値観のほうが美しいとされがちな価値観です。システムの問題をヒアリングしていくと、図の左側の価値観が原因として語られることが多いものです。これはベンチャー企業と大企業のちがいにも似ています。ベンチャー企業の特徴をよいほうにとらえれば、例えば"スピードが速い"、"尖っていて魅力がある"などがあり、悪くとらえれば、"安定感がない"、"未熟"などがあります。また、大企業の特徴をよい方にとらえれば、"安定感がある"、"サービスが幅広い"などがあり、悪くとらえれば、"しっかりしてるが高い、遅い"、"無難で特徴がない"などの印象があげられます。システムもベンチャー企業と大企業のように段階があり、それぞれに必要なよさがあります。そのため、図の右側にあがっているような"中長期で必要そう"な要素は、初期の成長段階によっては必要性が低かったり、むしろデメリットになることが多いです。

　中長期的投資とは、今必要なものではなく、あらかじめ将来のことを見越して人やお金などリソースを投下し、対処することです。内製でのSalesforce管理者体制を想定して要員をアサインしたり、研修などの教育コストをかけたり、マスタデータの整備のためのサービスを導入したりといったことがあげられます。

　顧客起点とは、商品起点（プロダクトイン）と対比してマーケットインとも呼ばれ、獲得した顧客基盤（既存顧客）やできあがった市場という資産を活かして、もともとの商品やサービスだけでなく、求められるものを提供するスタイルへのシフトです。

　全体最適とは、個々の業務プロセスの効率やシステムの利便性をあげることよりも、全体としての効率や生産性を重視するために、個々に管理したり

改善する手軽さとのトレードオフでビジネスを構成する業務やシステムの要素のつながりのよさを高めていくことです。いずれも、既存システムの管理者を引き受けた方、既存業務のマネージャーを引き受けた方が必ずといってよいほどぶつかる壁であり、よく聞く不満の種です。

では、初めから中長期的に投資し、顧客視点で全体最適な業務とシステムを目指していればよかったかというと、そうはいきません。多くの企業は短期的な価値観を優先する活動から、中長期的な価値観を優先する活動へとグラデーションをともなって"移行"していく必要があるというのが本質ですので、過去の価値観を批判しても何も生まれません。どのように価値観が移り変わっていくのか、それを踏まえることでヒントをつかんでいきたいと思います。

◆中長期的な投資が合理性を失う理由

事業への投資は経営判断です。経営者、事業責任者の裁量でSalesforceというシステムの構築や運用へのリソース投下の仕方は変わってきます。中長期的なSalesforceを含むシステム整備への投資を割いてくれない、検討に力を貸してくれない経営者や決裁者ははたして悪でしょうか。

短期的投資の効果を再投資するのが事業継続の原則的サイクル

事業には成長フェーズが存在します。創業初期から中長期の投資を経営判断として行うというのは、まだサービスが市場で認知さえされていない時期から、月間100万ユーザに耐えるサーバースペックでアプリケーションを用意するようなものです。あらかじめ大きなユーザ数や処理量を想定してインフラを用意し、機能を開発しておけば、当初の少ない利用者から一気にユーザがスパイクしたときでも問題なく動くでしょう。

ただし、実際には固定費がサービス初期の売上を超えるほどかかる（too muchな設備投資）でしょうし、ユーザを獲得しようと試行錯誤する過程で、アプリケーションの中身、サービスの売りもきっと変わっていくでしょう（サービスが市場にフィットするまでピボットを繰り返す）。また、当初はユーザ獲得の仕方として口コミやSNSマーケを考えていたけれど、思いの外伸びず、タクシー広告で広く認知をとりにいくとなれば、足回りのシステムよりも広告宣伝費への投資優先度が上がるでしょう。いずれ目指す先が月間100万PVで、それが目標であるのはまちがいがなくとも、そこに到達するため

にどんな道筋をたどるかはまだわかっていません。

　そのため、まずは短期的目標の達成や重要課題解決に対して短期的投資を行い、それらが前に進み、原資が獲得できれば、中長期的目標に対して投資を行う流れになります。そして、来年再来年以降で重要度も緊急度もが高まっていく中長期的投資は、一定の拡大路線に見通しが立ったときや、一定の成熟を迎えて次の展開を作ることが必要になった頃に、初めて実体をともなって経営計画に組み込まれます。

　まずは、いかに計画と予算の中に組み込まれるように動くか、経営や事業の進捗を把握する動きから始めていく必要があります。

"現在価値"と"将来価値"の概念

　経営者や事業責任者にとって、経営戦略に沿ったリソースの投入とその配分は重要なテーマです。Salesforce管理者目線では、管理者チームの人材をしっかり雇ってくれたり、外部のコンサルや開発企業など味方につけられたら業務はよりうまく回るようになるかもしれませんので、こうした中長期に効いてくる投資を判断することを期待したくなります。

　一方で、中長期的にはいかによさそうでも、また中長期的な課題を放置したときのコストが計り知れなかったとしても、なお短期的投資には強い意義があります。それが現在価値と将来価値の考え方です。資金や人材といったリソースは"収益を生み出すための資産"です。手元に余剰資金100万円があったら（現在価値）、それを運用したり、事業投資によるリターンを得ようと活動し、結果的に半年後にはもっと多くの資金に増やそうと考えるのが事業の考え方です（将来価値）。直近の売上や、利益につながる業務やシステムへ人や資金を充てれば、今あるリソースがさらに大きくなって返ってくるため、むしろ中長期的な投資にあてられる余力がさらに増えるはずです。

　中長期的な投資が重要だとしても、いつどのくらいリターンがあるかわからないシステムや体制の整備にコストを投じるより、来年3倍になって返ってくるほうを選ぶ力がどうしても強くなりがちです。また、人件費やシステムのような固定費を生むものに資金を投入すれば、継続的なコストがかかり、業績が低迷したときには赤字の膨張するスピードは加速しますので、その観点でも短期的な稼ぎを優先する圧力のほうが、やはり有力と考えられます。

　とはいえ、何を成長ドライバとし、どのような成長ステップを踏んで成長の曲線を描いていくのかは、経営戦略次第です。どこかで中長期のビジョン

を見すえた投資は避けられないので、必ずチャンスがあります。経営者や事業責任者は、このバランスを考えて投資を検討しています。

短期的なリターンがまだまだ必要なときには、その時点での価値観と異なる中長期の投資を訴えるより、ともに早く成果が出せる取り組みにフォーカスすること考え、そのリターンの再投資先として、Salesforce管理者の立場で中長期の投資として意義のある追加製品の導入予算、人の予算、教育の予算などを考えて提案していくという立ち回りが重要です。

■投資の考え方

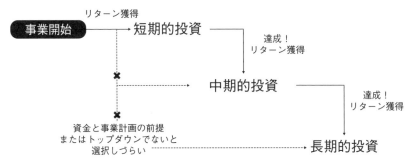

短期投資して、利益を留保して再投資が基本

企業会計における現在価値の原則を踏まえると、
将来のために投資するより、その金額を事業投資したリターンのほうが利率が高い、
というフェーズがどうしてもある

◆なぜ社内システムは顧客データを軸に構築できないのか

特定の商品やサービスのアクセス可能な市場規模には一定の限界があります。また、市場が見つかっている場所には競合が集まってきますので、より顧客から選んでもらえる工夫が必要です。例えば、販売できる商材を増やして既存顧客へ紹介する、既存の顧客からの生涯獲得フィーを高める（LTV）、市場セグメントに応じて販売機会のある顧客へ注力するなど、"顧客を軸に"余すことなく販売機会を獲得して商品を提供していくスタイルは、中長期的に必要になってきます。

顧客データを軸としたシステムは中長期的に重要であるにもかかわらず、なぜきちんとデータを整備したシステムを運用することができないのでしょうか。多くの管理者が頭を悩ませる問題です。この問題が、どのような経緯と構造で発生するのかを考えます。

まずは販売や会計のための基幹システムが優先される

　商品や商材ごとに縦わりの部署で構成されている企業では、同じ顧客へ自社の別の営業担当がアプローチして商談がバッティングしてしまうようなケースも見られます。このような企業では、顧客情報を中心にした管理はされておらず、部署ごとに異なる商談管理のしくみを使っており、社内でのバッティングを防げないだけでなく、他部署の既存顧客への販売機会（クロスセル）をうまく活かせないといった課題があります。また、顧客企業への直販に加えて、大手の代理店を介した販売チャネルを持っている企業の場合、販売管理システムの都合上、顧客は請求先である代理店企業となってしまうため、代理店が販売した最終顧客（エンドユーザ）との接点情報がわからず、追加の販売機会の獲得や商談単価の向上といった施策が打てないといった課題があります。

　これらは顧客軸で情報を管理せず、"商品を販売する"（＝見積発行や受注処理、請求といった一連の活動）という自社ビジネス視点の業務プロセスを回すためのシステムを用意することが優先されたためです。複式簿記のルールで管理される財務会計システムへの計上を行ったり、実際にお金のやりとりをする活動は企業として必須の活動です。自社の"販売業務"を軸にシステムを用意していくと、社内の事務処理に都合のよいデータの持ち方、データの項目が優先されるために、「顧客を中心に考えて販売活動展開していこう」というときに都合の悪い構造が生まれてしまいます。

ビジネスの成熟とシステムに求められること

　あくまで1つの変遷の例として、とある農業機械を販売する製造業の企業活動をイメージします。創業当初は販売店をかまえ、地域の農家などを対象に営業活動をしていきます。まだ既存顧客の概念すらなく、見込客のリストだけが手元にあります。ここからビジネスとシステムの関係がスタートします。

■すべての企業はモノ売りから始まる

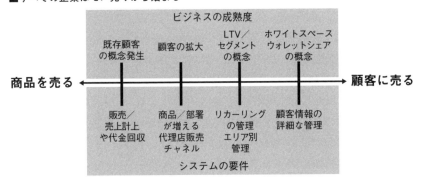

第1段階（創業期）

　ようやく成約がとれるようになり、顧客への見積や受注、請求、売掛金の回収を管理する活動が行えるようになります。この段階では、まだまだ新規顧客の開拓先は余白があります。そのため、顧客を管理するよりも、日々の販売活動を効率化するシステムのほうがニーズがある状態です。

第2段階（成長期）

　徐々にエリア内での販売実績ができてきたら、さらに販売店を増やしたり、代理店との協業によって他地域や大規模な農家へも顧客と販路を拡大します。販売店ごとにエリアを分けているので、販売店同士で同じ顧客にアプローチしてしまうようなことはあまりなく、代理店の販売綱を活用し、効率的に販売エリアを広げることもできました。既存の販売システムの延長で、システムを継ぎたして対応します。

第3段階（安定期）

　既存顧客のリストがたまってきて、販売店や抱える営業担当者も増えてきました。財務的には、会社としての固定費や販管費も上がって、利益率が鈍化してくる頃です。そこで、アフターメンテナンスのサービスや周辺機器、消耗品などを扱うことも始め、リピート売上の獲得や顧客単価の向上を計ることになりました。このあたりから、どこに何を販売済みなのか、消耗品や周辺機器の未提案先はどこか、代理店の販売先でアフターメンテナンスの契約がないところはどこなのかといった顧客軸での情報へのニーズが高まってきます。

第4段階（成熟期）

　アクセスする市場や扱う商品が増え、多くのエリアで多くの競合との切磋琢磨が激しくなってきます。安定した大きな受注をくれる大規模な顧客からの売上をもっと増やしたり、エリア別の販売余力を可視化して営業人員リソースの再配置を検討するなど、詳細な顧客情報が必要になってきます。この段階では、自社の販売状況だけでなく、競合の商品納入状況や決算情報、顧客エリア別の営業活動の生産性の分析といったことができるような、顧客を軸として高度に情報を集約したCRMの取り組みが、ビジネスを牽引するドライバーとして重要になっていきます。

　このように、当初はまず目先の活動をとにかく楽にたくさん回すことへ関心が集まり、CRMシステムやその記録業務への重要性は関心が薄いものの、その後徐々に顧客を軸に情報を深掘っていくフェーズに向かいます。

　残念ながら、当初から将来のために情報を細かく獲得して入力してほしいというような願いはなかなか徹底されることはありません。CRMシステムへの入力や、記録された顧客データの精度が低かったり重複が多かったりという問題は、本来中長期での課題感を一番持っているはずの経営者の理解と解釈を合わせることが重要です。いざ機運が高まってトップダウンで号令を出させることができても、経営トップは徹底させるまでオペレーションの現場に張りつくことはできません。また、管理者もずっと張りつくことはできません。入力の不備、不正データなどをあぶり出すダッシュボードを作り、定例会などで中間マネジメント層からメンバー層に指摘してもらう運用をトップから落としてもらうなど、何をどうやって号令としてトップダウンすればよいか明確に動いてあげる必要があります。

◆個別最適によるデータやプロセスの分断

個別最適とデータ分散のデメリット

　システムは何らかの部署や職種における、ユーザの業務生産性を上げる目的で存在します。自分の部署の業務を達成することだけを考えれば、使い勝手やデータの管理項目含め、自部署の業務に特化し、必要十分な情報だけが入ったシステムは使いやすく効率もよいでしょう。いわゆる個別最適です。

　しかし、部署ごとに重要なシステムが別々にあると、システムがお互いのデータを必要とするときに問題が出てきます。"データを取り出して"、"突

合・変換して"、"投入する"といったデータをつなげるための手間が発生します。もしくは、連携せず二重入力するといった運用での回避になります。

そのため、本来は別々のシステムよりも同じシステム内で作ったほうが、システム的な観点では全体最適になります。業務全体で見たときに、つなげる手間がなかったり、そもそも運用管理するシステムが1つで済むといった観点で効率がよいです。

個別最適システムよりも、全体最適なシステムのほうが合理的に思えます。しかし、実際には個別最適のシステムが乱立したり、特に重要な取引先企業のマスタが重複、分散して存在するといったケースが、企業システムにおいては多く発生します。これはなぜ起きるのでしょうか。

顧客データはなぜ分散するのか

商品マスタや取引先マスタといった、マスタと呼ばれるような共通的なマスタデータがあります。これらは複数のシステムで利用されるため、企業によってはどこかのシステムのデータを正として、他システムに配信するような形をとっています。

システムやデータはそれを扱うユーザ（の職種や部署）が分かれるとき、つまりデータを扱う人の"目的"が変わると分断、個別管理されやすい性質を持っています。

例えば、同じ取引先企業データについて考えてみます。営業事務担当や経理担当からすると、請求先や売上計上先ですし、営業担当からしたら提案先や受注先ですので、意味合いや用途が異なってきます。商品マスタについても同様です。商談を管理する営業視点では案件の受注想定金額を出すための明細だったり、見積書に掲載するためのカテゴリレベルの商品名の単位を指すでしょう。また、仕入れ担当からすると、商品のカラー別に細かく区切ったSKUのような仕入先への発注単位で商品マスタを使っていることも多いでしょう。このように、概念的には同じ情報でも、実体の業務やその目的に合わせてデータの指す意味合いや、扱いたいデータの項目や粒度が異なってきます。

こうしたアクター（人の役割）ごとのデータに対する目的のちがいによって問題が発生します。例えば、営業担当がSFAシステムを開いて過去に商談して受注した取引先の実際の売上実績をもとに、RFM分析を行いたいとします。このとき、もし会計システムや販売管理システム上で"請求先"に対して

8

売上を計上していると、"受注先"を管理しているSFAシステムへ売上実績データをうまく連携することができない、または誤った集計をしてしまうといった問題が起きます。商談相手の取引先と請求や売上計上先の取引先が異なるケースがあるためです。このような場合は、SFAシステムの商談情報と、販売管理システムの売上情報でデータの持ち方に工夫が必要です。SFA側で"受注先取引先も計上先取引先も両方入力させる"とか、"SFAの商談番号を販売管理システムにも入力する"といった形で、受注データと売上データのつながりを記録しておきます。そして、データ活用をさらに効率化させるためには販売管理システムからSFAシステムへ売上情報を自動で"連携"してあげたり、SFAシステムと販売管理システムを1つのシステムとして"統合"してあげる必要があります。

Salesforceの顧客データも実は分けて連携している

　Salesforceは顧客情報を一元化するCRMシステムというイメージがあるかもしれません。概念的にはまちがいなくそうなのですが、実際にはSalesforce内部でも、新規の見込法人情報や実際に商談実績がある法人情報など別々のデータの箱に"分散"させる設計になっています（ビジター、プロスペクト、リード、取引先／取引先責任者）。見込客の段階では、法人そのものというよりは、法人内の個人の単位を扱いたいことが多く、また重複していろんなマーケティングイベントから流入するなど、データの精度についてもかなり荒くなることが想定されます。

　このように、粒度やデータの精度が異なってくる場合、統合よりは分散させて適宜連携するという形でデータをマネジメントすると、より管理しやすくなります。

■データの管理

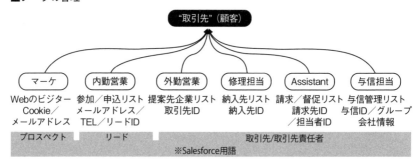

入ってくる見込客のデータの精度や、商談につながる確率によっては、分けずに統合してしまったほうがよいという場合もあり、一概に正解はありません。いずれの方式も合理的に発生しうるため、物理的に1つのシステム、1つのデータの箱に統合することだけが正解ではないということです。

8-3 Salesforce活用フェーズと3つの壁

前述のとおり、企業のビジネス成長の過程でシステムに求める価値観が変化していったように、Salesforceも大きく3段階の変化があります。3つの壁を順当に通っていくこともあれば、始めから大規模で高度な用途を想定し、コンサルや開発を行うパートナーベンダー企業を巻き込んで、同時的にその壁を乗り越えていこうというプロジェクトもあります。

みなさんの会社は現在どこにいるか、いくつの壁と向き合っているのか、今後訪れる大きな壁はどんなものなのか、考えてみましょう。

1.定着の壁
2.拡張の壁
3.統合の壁

■3つの壁

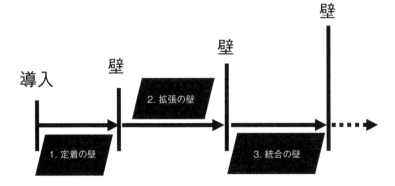

◆定着の壁

　まずは定着の壁です。主にSFA機能を中心に、初めてITとデータを活用した業務改革に取り組む多くの新規Salesforceユーザ企業で、最初に向き合わなければいけない壁です。

　Salesforceを使うというのは、その導入目的や期待効果を踏まえると、多くの場合は既存システムのリプレイスではなく、マネジメントプロセスやメンバー層も含めたワークスタイル（仕事の仕方）自体をアップデートするような取り組みです。新しいシステムというだけでなく、マネジメントの仕方を含めた新しい仕事の型を組織文化としてなじませる必要があるため、簡単にはいきません。「数字あげてればいいんでしょう」と、顧客への訪問、提案と、販売管理システムでの受注登録だけしていればよかった頃と比べて、プロセスを共有するしくみというのはやや煩わしいものです。

　経営の意思によってマネジメントの方針が変わり、マネジメントの意思が変わることによってメンバーの義務が変わるという流れです。しかし、マネージャーにとっても初めてのプロセスのため、メンバーに徹底させきることができなかったり、マネージャー自身も望んでいたわけではない中で導入が決まっていたりするために、営業として受注を記録するための最低限の入力しか徹底されないということがよく発生します。

　例えば、基本はこれまでどおりExcelやテキストでマネージャーに報告をあげ、業務的にはもともと社内で作ってある販売管理システムで見積や注文登録の処理を行い、Salesforceでは予実のダッシュボードの成績を表示するために、受注時に初めて商談を入れるといった具合です。第5章に解説したような、予実管理とプロセス管理、パイプライン管理によって達成のためのマネージャーの支援活動の変化もなければ、ローパフォーマも自身の最低限行うべき活動を抜け漏れなく実施するといったセルフマネジメントも機能せず、ユーザからするとただしくみが増えたような状態です。もともとExcelで運用していた営業定例のヨミ表や予実管理を単純にSalesforceに置き換えただけという場合も多く、ブラウザやモバイル端末があれば情報にアクセスできるぐらいの利点しか享受できていません。

　営業担当者を中心にデータの入力と可視化自体は進んできたけれど、せっかく契約したのになかなか効果を実感できない時期です。この時期は経営者や営業マネージャーが、営業担当者の活動実績についてあれこれ把握したい

"管理欲"が目立ちます。項目やレポート／ダッシュボードが増えていくとともに、営業担当者による入力が徹底されず、ねらいどおりのマネジメントができません。この時期に作った項目や機能は、あとあとの負債になることが多いです。かといって、ほかの活用の糸口が見えていないため、管理者としては経営者や営業マネージャーなど、ユーザ側の希望するまま機能改善を行なっていくしかないという課題があります。

　導入直後はあまり手を広げずに、第5章の基本的な予実管理、パイプライン管理の活用と、まず目指すゴールを小さく絞ります。項目も運用もシンプルに保って、まずは経営層・マネージャー・担当者のルーティンを変えていくことを最優先に考えます。機能要望やSalesforceで実行したい新しい営業施策は、課題管理リストへ棚上げして我慢をうながします。

◆拡張の壁

　ひとまず基本のSFAやSalesforceの使い方自体が浸透し、効果はさておき日常業務として商談や活動報告が営業の仕事として定着化してきたあとの課題です。現場からは一定の欲が出てきて、さらなる活用方法やビジネスの基盤として拡張しようという前に、今あるデータの活用による予測や見込などの分析欲、入力効率の改善欲、自分なりの欲しい情報の追加欲など、マネジメント層中心にあれをしたい、これをしたいという要望が多く寄せられるようになります。その一環で、営業担当やマネージャーが触る他システムとSalesforceとの二重入力や管理の分断の問題が出て、例えば販売管理システムとの連携や、Salesforce上での承認ワークフロー業務の統合、見積と帳票出力処理の統合……と、Salesforceがいくつかのシステムの機能を巻き取るフェーズに入ってきます。

　これまで受注を増やすためだけに存在していればよかったSalesforceが、見積や請求などの業務プロセスへも期待されだすと、取引先マスタの住所や担当者の連絡先情報へ求められる信頼性ハードルも上がったり、取引先に紐づく各種情報が増えて、リレーション（オブジェクト同士の参照関係や主従関係）が複雑に入り組んだりします。外部システムとの連携も始まる頃で、データローダーを使ってCSVを定期的に手動で連携するといった間はまだよいですが、一部パートナー企業を入れて自動化を試みたりすると、その後データ連携を起因としたSalesforce、または連携先システム側でのトラブルの対応が増えて、Salesforce管理者の仕事が一気に複雑に、難しくなってき

8

Salesforceシステムの未来の姿をイメージする

ます。

　連携などの開発要件については、うまく専門の開発パートナーと連携し、保守や運用面のプロセスを整える必要があります。一定の保守予算を毎月帯で引いておくなど、プロジェクト予算を見立てて申請する立ち回りが重要ですので、事前に外部のパートナーや製品などの情報収集を日々行ない、素早く見積やその前提を各社比較するような活動も仕事となっていきます。

統合の壁

　ビジネスの成長にともなって、中長期の経営戦略の変更、商品やサービスの追加、新しい課金体系、ターゲット顧客の拡大など、ビジネス側の変化が大きくなり、Salesforce も狭義の CRM を超えて、複数のプロダクトを組み合わせつつ、全社の IT システムの中核として既存システムとも相互に連携したり、複数のシステムを巻き取って統合する存在になったりということを求められます。新規事業や新しい顧客との接点（例えば既存顧客へのアプリケーションの提供や、サポートへのライブチャット機能の追加など）の提供など、DX らしい取り組みが経営者発信でどんどんとビジョン化されていきます。

　大きな成長投資が IT だけでなく、人員や組織、製品開発などにも投じられている頃です。新しい販路や商品への対応など、見込まれる業績成長も大きいため、うまく壁を乗り越えられれば ROI もきちんと見込める頃です。しかし、ひとつひとつのシステム連携や、新しい Salesforce 製品の活用など、それぞれプロジェクト自体に技術的な難所があります。そのうえ、Salesforce 管理者として社内のプロジェクトマネージャーとして複数の部署や、複数社の外部ベンダーの調整役としての立ち回りを求められ、非常に難易度が上がってきます。

　Salesforce に閉じた事情でプロジェクトが推進できるわけではなく、多くの連携システムと、その担当者とのコミュニケーションが必要になるため、社内の関係性構築が必要です。また、いくつもの関連システムの領域と連携したり、または Salesforce に取り込んだりすることがあるため、自社内の業務プロセスと各種システムで何が使われていて、誰が管理しているのかといったことも、日頃から理解をしておくよう努める必要があります。

　Salesforce の導入後、無事にビジネスが伸長すれば、販路を広げるなり、商品を増やすなり、新規事業を作るなり、他社を買収するなりと、業績の継続

的な成長や非連続な拡大を目指して、必然的に何らかの経営戦略が作られます。課題が高度化するのは、ある種それだけの課題を持つところまできたということでもあるので、大変な壁ですが覚悟して向き合っていきたいところです。

8-4 企業における全社IT基盤とSalesforceの 位置づけ

ビジネスの成長と価値観の変化、Salesforceの活用／拡張／統合の壁といった想定されるロードマップを通じて、将来への道筋をイメージしてきました。

最後に、Salesforceをツールとしてではなく企業の全社IT基盤における中核としてみたときに、どんな用途が想定され、どんな周辺領域のシステムを統合、または連携していく可能性があるのかを解説します。

◆企業のIT基盤は"統合"という課題感に向かって進んでいく

8-2でも解説しましたが、個別最適でシステムやデータを分離することは、一定の合理性がある時期が存在します。また組織の拡大や企業の買収、新規事業の立ち上げなどがあれば、事業部のハコが増え、その分立ち上げ期の組織内では、全社共通のシステムとは別に部門個別最適の運用がある程度必ず発生します。

一方、バックオフィス業務／コーポレート業務は、会社や企業グループが同じである限り基本同じ基準／ルールで動きます。そのため、バックオフィスやコーポレート関連が主に使う会計や販売管理などの基幹系システム、勤怠や経費などの従業員向けのアプリケーションは全社共通で利用しつつ、部門個別のシステムやスプレッドシートなどで管理されるデータは、個別に手動なり自動なりでシステム間のデータ連携を行うという形になっていくケースが多くの企業で見られます。

すると、基幹システムなどの共通システムは、いくつもの部門個別システムや管理データを取り込む必要があり、基幹側の管理の負荷やデータ連携のオペレーションミスによる会計データの不備リスクなどを抱えることになります。よくあるような「データのN重登録が発生している」とか「マスタの一元化ができていない」といったワードはこのタイミングで生まれます。

8

Salesforceシステムの未来の姿をイメージする

175

■"統合"の課題

個別最適は必ず起こる、そして作り直し／統合機運も避けて通れない

ただし、温度感はさまざまで総論賛成／各論分離的になりやすいテーマ

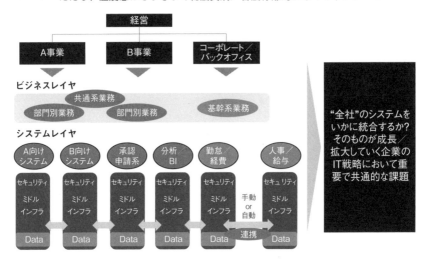

事業が成長し、組織のハコ（部門）が増えればシステムが増え、システムが増えてデータが分かれればコストとリスクが増え、統合や集約そのものが課題感として共通認識のものとなるという流れです。

一方、"集約"や"統合"は"総論賛成、各論反対"になりやすいテーマといえます。基幹システムを主に見ているバックオフィス部門と、個別最適のシステムを見ている各事業部門は、それぞれがちがう要望や課題感を持ってるためです。いずれは全体最適、システムの統合という話は各所から持ち上がる要望ですが、どこか1つの部門の話を聞いてはまとまらないため、この課題をどう整理し、さばいていくかは難しいテーマです。

◆企業システムのアーキテクチャを3層に分離してとらえる "ペースレイヤリング"

「企業システム全体をどう統合し、最適化するか」というのは、"エンタープライズアーキテクチャ"という分野で2000年代初頭から議論されているテーマです。中でも、2011年頃よりガートナが提唱しているペースレイヤリングというコンセプトは、Salesforceを、ほかの社内のシステム全体を含めた中にどう位置づけていくかということを考えるうえで指針となる考え方で

す。いずれ考えることになる"統合"というテーマへ向けたヒントとしてご紹
介します。

　ベースレイヤリングの考え方においては、企業のITシステムを次の3つの
層に分類して各システムをすみ分けていきます。

革新システム層

　変化が最も早く、短ければ半年程度から数年程度で陳腐化するようなシス
テムです。変化の早いテクノロジーや顧客に最適化する必要がある部分、例
えばBtoCのアプリケーションであったり、AIやIoT技術の取り込みであっ
たり、今後であればメタバースやVR／MRといった技術を活用した新しい
サービスの提供といった取り組みを行うシステムが該当します。Salesforce
のPlatformは最新技術の取り込みや、少し前ですがチャットボットやSNS
との連携など、新しい顧客接点の機能追加を行なったり、Herokuを使った独
自のWebアプリケーションやモバイルアプリケーションの構築などに利用
できますので、この層のシステムを構築するのに向いています。

差別化システム層

　変化のスピードは数年〜5年程度の中間層のシステムです。他社との優位
性にもなる、事業の生産性を左右するような業務プロセスで使われます。業
界固有の業務プロセス、その会社独自の機能なども盛り込むため、業界特化
のSaaSや、複数の小さなSaaSの組み合わせなど、インフラやプラット
フォーム部分はサービス企業に任せながらも、カスタマイズによって自社固
有の機能も柔軟に載せられるような形で選定します。SalesforceのSales
CloudなどSaaS製品は主にここに位置づけられます。

記録システム層

　最も変化するスピードが遅く、一度導入すると寿命が長い点が特徴です。
会計や人事など、企業活動における中核プロセスを担うシステムが該当しま
す。会計を中心に、法令や業界全体の規制や商慣習など一定の標準化された
プロセスがあり、パッケージによるシステム化も進んでいます。他社と差別
化して競争優位性の源泉になるわけではないものの、企業として守るべき
ルールや手順が標準的に定められており、厳密さや遵守性を求められる監査
や内部統制上重要となるシステムは、この層に位置づけられます。

8

Salesforceシステムの未来の姿をイメージする

　このように、統合や集約が企業のIT戦略上重要だとしても、すべてを1つにするのではなく、変化スピードや求められる厳密性／正確性など、システム特性によって3層で機能とプロセスを分け、適切なプラットフォームや実装技術を選択していくという考え方になっています。SalesforceはSaaSとPaaSの製品によって差別化システム層から革新システム層に位置づけられるシステムを扱い、連携・統合していくことに長けています。

■ペースレイヤベースの企業システムアーキテクチャ

統合といっても、"全社で1つ"が理想ではなく、大きく3層に分けるという現実的な解

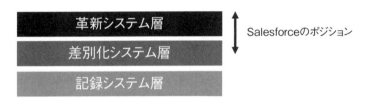

外部環境、顧客ニーズ、競合の変化に対応したビジネス展開を支える部分を担う
個社別につくったシステムを変化させ続けるより、一定層が勝手に最新化／実装されていく
クラウド（PaaS／SaaS）にどうしても優位性が出てくる

　独自のWebサービスを展開する企業の自社サービスや、新規事業としていくつかのアプリケーションを企画している企業の場合、SNSなどのBtoCアプリケーションのように、早いサイクルで日々変更を加え続けてバージョンアップしていくか、状況次第では捨て去ってピボットして別アプリケーションを……といった激しい変化をするため、AWSやHeroku／Salesforce PlatformといったPaaS上でのカスタムアプリケーションを構築していく革新システム層で対応し、ほかの層と分離しておきます。

　差別化システム層はSalesforceの各種SaaS製品を中心に業務アプリケーションを構成し、ファミリー製品間ならではの標準の同期や連携機能を活かして開発や運用コストをおさえつつ、カスタマイズで独自性のある業務や業界のプロセスをマネジメントします。

　もし、上場や各種認証取得などを目指す場合は、記録システム層に監査対象のプロセスを極力集約したいため、Salesforceとは分離することが多いです。上場企業に求められる内部統制のうち、IT全般統制や業務処理統制と

いった分野での対応を考えると、財務報告や投資家向け情報の正確性や不備の回避が求められます。最終的に売上や原価として計上された会計データのもととなる販売や購買などの取引システム側にも、正しく規定にもとづいて承認された取引なのかであったり、計算ロジックにまちがいがないかであったり、外部委託業者の管理や変更管理含めて、システムの運用保守においてまちがいのない管理がされてるのかといった点の監査性や管理の厳密さを求められます。そうなってくると、Salesforceシステムの変更にかかるプロセスは重たいものになってしまうため、カスタマイズによる機能の柔軟性や、バージョンアップなどによる拡張性を活かすには不利になっていきます。大企業になって、システム管理に関するプロセスが重たくなると、1つの項目を追加したいだけなのに2週間かかるといったことも起きます。

　企業の目指す先と、業界業種特有の業務プロセスに対応したアプリケーションの必要性など踏まえて、Salesforceの各種製品をどの範囲で活かすのか、どの製品でどのアプリケーションで構築し、どの層に分離して適した速度での変化や管理を行うのかを考えるときに、ペースレイヤリングの考え方を活かして整理するとよいでしょう。

◆Salesforceを広く活用したモデルアーキテクチャ

　Salesforceシステムの最終系として、企業のIT基盤においてどのような範囲で活用し得るのか、とあるWebサービスを複数展開する企業の例で示します。システムが分断されることによる煩雑さや各種コストをおさえつつ、システム特性に応じた3層アーキテクチャでの分離を踏まえると、図のようなアーキテクチャでSalesforceを活用できます。

　あくまで一例にはなりますが、図中には企業が扱うシステムのうち中心的なものを網羅して表現しています。

　革新システム層と差別化システム層にいたるまでの黒塗りの箇所が、Salesforceファミリー製品を組み合わせて実現することの多い主な守備範囲です。Salesforce関連製品で実装する範囲は、当然企業の業務や、もともと利用しているシステム環境によっても変わってきますので、企業が利用する全体のシステムについて広く浅く知っておく必要があります。Salesforceを使って実装するのか、既存のシステムをうまく活用するのか、別製品を導入して連携するのかなど、すみ分けを考えるうえで、Salesforce管理者には幅広い知見が求められるのです。

8

Salesforceシステムの未来の姿をイメージする

■ Salesforce を活用するためのアーキテクチャ

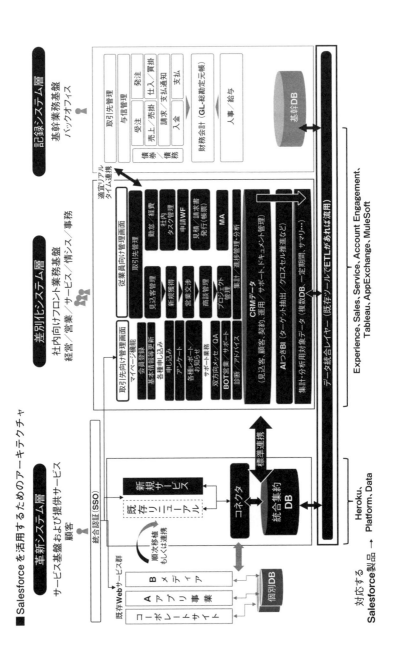

革新システム層

　主に顧客や一般公開向けのWebサイトやWebサービス／モバイルアプリケーションなどを配置します。適宜、内部の管理画面は基幹やSalesforceからのマスタの配信を受けることもありますが、基本はそれぞれのサービスが独立して動き、個別に素早く変更ができるようにします。

　また、Herokuを活用すると、インフラのアーキテクチャをいじったり、チューニングする必要なく、そのうえで複数のアプリケーションを立ち上げることもでき、GitHub上のプログラムコードをプッシュするだけでデプロイができるという開発プロセスを統一できるため、既存のWebサイトやWebサービスも順次移植することを視野にしています。

　顧客向けのアプリケーションの利用ログなど、各種ログデータは貴重な顧客情報になるため、ビッグデータをData CloudやSnowflakeといったDWH製品に集約します。

差別化システム層

　ここがSalesforceのコア製品を含めメインで、Salesforce製品を使ったアプリケーションを配置していく場所になっています。革新システム層に配置した各種独自Webサービスなども、複数アプリケーションを出すにあたりマイページや認証は統合したいため、そうした共通の顧客向け機能はExperience Cloudを活用します。Experience Cloud上にはService Cloudの機能であるチャットサポートやチャットボット対応、ナレッジ機能によるセルフサービスや問い合わせ機能、各種追加プランの申し込みなどのアップセル機能を持たせます。

　従業員側では、4-5で紹介したSalesforceの標準のカバー範囲にしたがって、Account Engagement、Sales Cloud、Service Cloudで集客から商談受注、囲い込みまでを対応を行います。

　そのほか、承認ワークフローや帳票、勤怠アプリケーションなど、社内向けアプリケーションをAppExchangeから素早くインストールして展開します。

記録システム層

一般に "基幹システム" といわれるものが主に配置される場所です。財務的な記録や業績数値を扱う会計システムや、従業員や組織に関する情報を扱う人事システムといった、企業として必須で記録し保持しなければいけない重要なデータを扱う業務システムが該当します。

上場企業にもなると、反社チェックや与信チェックなどのプロセスをへて、初めて取引開始ができるような運用が敷かれていることも多いため、全社の取引先マスタ、与信額などの取引先審査システム、そのほか販売管理プロセスに関わるシステムを配置します。これらのシステムについても、SalesforceのAppExchangeとして構築されるものもあります。

ただし、前述のとおり基幹系といわれる業務システムまでをSalesforceに取り込む場合は注意が必要です。企業の義務である決算報告や、内部統制上重要な会計数値への影響を踏まえて、システムの変更プロセスを厳格なルールで管理したり、権限管理を細かく定義したりと、Salesforce自体の運用作業プロセスが重たくなる面もありますので、バランスを踏まえて考える必要があります。

そのほか、共通的なしくみとして最下段に**データ統合レイヤー**を記載しました。全体の関連システムをつなぐデータや連携プログラムの基盤として、MuleSoftや既存のETLツールを配置し、多くの方式があるシステム連携を1ヵ所にまとめ、連携スキルハードルや運用保守コストを低減するような工夫を入れたアーキテクチャになっています。基幹システム側のデータを正として、例えば与信や反社チェックといったプロセスを経た取引先データをSalesforce側に取り込んだり、逆に受注データをもとに債券情報（請求）を基幹システムに連携したり、各種データをBIツールと連携したりといったときに、データ統合レイヤーを介して連携を行います。

以上、一例になりますが、企業の扱うシステムとSalesforceを中心にすえたアーキテクチャをご紹介しました。このように、Salesforceコア製品と、連携性／統合性に優れたファミリー製品を活用していくと、大規模な企業システムの多くのレイヤーとプロセスをカバーできることがわかったかと思います。

アーキテクチャに登場したような各業務システムについては、これまで意識したことがないものも多くあるかもしれません。まずは現状を把握すると

ころから、企業システムの全体像について理解を深めてみてください。社内開発されているのか、SaaSやPaaS、IaaS上で構築されているのか、誰がどのチームで管理しているのか、部署ごとに同じようなしくみを別のシステムで作っていることはないか、一連の業務なのにシステムやデータが分かれすぎていて不満が起きていないか、こういったことを踏まえて俯瞰してみましょう。そうすることで、今後を踏まえると負債となりそうな箇所、今後出てきそうな要望など、中長期につながる課題を見つけるヒントになるかと思います。次の章では、こうした大きな変化、大きなシステムへ向かっていくにあたって、Salesforce管理者として、その管理の仕方やチームをどう拡大して追随していくかを考えていきます。

8

Salesforceシステムの未来の姿をイメージする

第 9 章 ————————————

成長に向けた準備

　日常課題対応に加え、前章で扱ったような中長期で発生しうる拡張や連携などによるSalesforceシステムの広がりは、会社が成長していく限り避けられません。次から次へと新しいシステムと業務への課題がやってきて、Salesforce管理者の中には常に攻めと守りのテーマが混在することになります。

　増え続け、高度化し続けるSalesforce管理者の仕事を1人で抱え続けるのは、当然のことですが非常に困難です。また、そのように広範囲で重要な仕事を1人の管理者が扱う体制というのは、会社にとっても事業継続上のリスクをともないます。チームを作り、多くの人を巻き込んで対応していく必要があります。

　本章は、Salesforce管理者という仕事、チーム自体をシステムに合わせてスケール（成長・拡大）させることを考えていきます。

9-1　なぜSalesforce管理者はいつまでも 忙しいのか

　Salesforce管理者はいつも何かに追われています。日々の定常作業、突発的な不具合対応、積み上がった課題や温度感の高い要望への対応……システムも仕事も大きくなっていくのに、増員や予算的な投資がされることはあまり多くはなく、いつもマンパワーがたりません。人手が不足していれば、安定した攻めと守りの活動を行えるチームは作れません。また、「そんなに人がたりないなら」となんとか派遣のスタッフや社内の兼務要員が支援要員としてアサインが受けられたとしても、その人たちを動かすことが、今度は重荷になってしまいがちです。基礎的なSalesforceのレクチャや、ルーティンワークなどのHow-Toを教えたとしても、"作業"をわたすための仕事は増える一

方です。

これを解消するには、1人で戦う状態から脱し、ともに仕事に取り組んでくれる仲間を作るという、難しくて質の異なる重いテーマが待ちかまえています。

◆Salesforce管理業務への投資判断の構造

Salesforceを導入したら必ず発生する管理業務の仕事に、なぜきちんと会社は投資をしないのか、自社のサービスを販売する営業や自社製品のエンジニアは積極的に補強されるのに、なぜSalesforce管理の仕事には予算がつかないのかと、経営や直属のマネジメントの理解がないことを恨みたくなります。

残念ながら、適切なリソース配分や、投資の意思決定ができないリーダーやマネジメントは少なからず存在します。その場合には、適切に情報を提示したり、円滑なコミュニケーションと相互理解の関係性を作って優先的に投資を引き出すような、いわゆる"政治的な活動"が、社内での予算や体制構築の優先度を高くするうえでの差になります。こうした"政治的"な事情で意思決定の順位が変わることは、眉をしかめたくなる方も多いでしょう。

一方で、そもそもSalesforceの役割や使い方の問題で、優先度が低くならざるをえないケースがあります。リソースや投資の余力があったとしても、管理者を増やすとか、システム改善の予算をがつきにくいという場合の構造を整理します。

Salesforceの用途として、大きく"コスト削減系"（対TCO換算、既存業務アプリケーションの置き換えや処理の自動化など、時間コスト削減を目標にした用途など）のものと、"業績向上系"（対ROI換算、SFAのような売上向上に向けた戦略的取り組みなど）のものがあります。多くは複合的な用途で運用されていきますので、実際には各社のSalesforceの使い方にはグラデーションが存在します。

また、Salesforce導入後の運用期間で、"会社の業績が改善していない"タイミングと、"会社の業績が改善した"タイミングが存在します。Salesforceが直接寄与した場合もあれば、単純に既存ビジネスの延長路線で会社が成長した場合もあります。

"用途"と"タイミング"ごとに、Salesforceへのリソース投下の考え方がどう変わるか見てみましょう。結論としては、業績向上系がメインの使い方で、

会社の業績が改善／伸長しているケースでは、体制や予算面が充実している現場が多いです。

■構築したSalesforce用途と自社ビジネスの関係

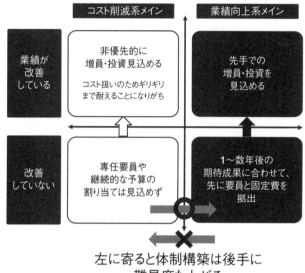

◆コスト削減系メインの場合

　継続的に売上が伸びることが見込め、それに対するコスト割合が変わらないなら、以前のコスト構造を上限に追加で要員をわり当てたり、予算をわり当てるのは合理性があります。純粋な拡大の場合は、営業などプロフィット系従業員・バックオフィスなどノンプロフィット系従業員を含め、一定割合で確保しておくことが考えられるためです。

　また、今後の売上成長が中期的には鈍化すると考えられた場合には、新たな収益構造を作るために先行投資をしておこうという考えも合理性が出てきます。そのときに、Salesforceを活用する施策が候補になっているならば、コスト削減系がメインだったSalesforceを業績向上系メインに切り替えるチャンスでもあります。

　ただし、いくらコストが削減できるからといって、その多くは工数削減の取り組みです。時間を金額に換算して費用対効果を表現する例も多く見られますが、その細かな余った時間に対して、収益向上につなげる施策が別途噛

み合っていなければ、ただの効率化に終わります。経営や決裁者視点では、あまりその価値は響いていないことが多いでしょう。

コストを削減するための人やツールは、そのコストの範囲で極限まで活用し倒したいというのが基本の考え方です。いざ、「タスクが溢れそう」、「これ以上は人力でカバーできない」となるまでは、カバー範囲を広げ続けます。そうして生み出した定常的なコスト削減効果と、追加人員を入れたときのコスト削減効果をたしてペイするときに、初めて追加人員を入れるのがやっとです。それまでは、せいぜいスポットの人員や予算投資を受けるのが限界でしょう。

本当にコストが削減され、営業利益の向上につながるケースとしては、既存で契約しているツールを既存のSalesforceライセンスで利用できるカスタムオブジェクトなどを活用したアプリケーションに置き換えるパターンです。プラットフォーム機能を使い倒すことで、同じライセンス金額で複数のアプリケーションを運用できることになるため、既存ツールの利用料や保守料金などを浮かせることができます。とはいえ、その管理に人を追加してしまったら結局コストが変わらないので、1つのSalesforceで、実際には複数のアプリケーションを管理していくものの、管理者は増えないという構造に陥るリスクもあります。コスト削減系の道を突き進むのは、限界とリスクがあるということを理解しておきましょう。

◆業績向上系メインの場合

業績向上による収益増をねらう用途での基本的な予算の考え方は、先行投資です。工場設備の拡充のために銀行が融資を実行することと同じ考え方です。一定の売上・利益拡大が継続的に見込めるような使い方であれば、投資として許容できます。

SFAの利用の場合で、受注がどの程度伸びるか、それによって売上利益の成長率や期待創出利益はどの程度上がるかといった期待値の想定がきちんとある場合、数年換算でペイすることを前提に導入を意思決定したり、社内の人員を管理者としてアサインできます。もし、その後期待効果が出ない場合は、Salesforce活用自体をやめることになるでしょう。

導入1〜2年などは、活用が思うように進まず、期待効果があまりあがらないことの多い時期です。本来であれば、第2部に解説したようなSalesforceの軸となる最小限のプロセス管理をきちんと回せる組織と文化を作ることに

力をさき、第3部で解説したような運用的負債ばかり作らないようにPDCAを回すことでグッと堪えたいところです。しかし、投資した分のコスト効果を出したい一心で、業務プロセスやマネジメント変革を追求するのではなく、コスト削減系で機能を増やす方向へ流れてしまいがちな時期でもあります（図の右から左へ）。コスト削減系は、追加の要員やコストのわり当てに対する考え方が異なりますし、Salesforceの役割が薄く広く増え、システム管理者側の負担や難易度が高くなってしまうリスクがあります。

　基本的には業績向上系の施策で成果を出して、全社の業績にも寄与しつつ、外部の景気要因や、ほかのビジネス伸長要因も重なって、全社の業績が上向きのうちに、先行投資として先にチームを作ってしまう戦い方が理想的です（図の左から右へ、下から上へ）。

◆成果が先か、システム投資が先か

　同じSalesforceを扱うにしても、用途によって考え方は異なってきます。先行投資されるのか、またはいかにコスト削減し、最低限の投資に留まるのか、明暗が分かれます。この構造をおさえると、自社のSalesforceについて"ROI追求型Salesforceへのシフト"を行うというのは、Salesforceの管理業務を計画的にスケールし、また管理者が自身のキャリアを切り拓くうえでも、1つ重要な方向性であることがわかります。

　以上を前提としたうえで、中長期でSalesforceを管理する体制を成長させていくことを考えると、次の2点は課題に先回りして考えておくことが重要になってきます。

見えないコストへの認識不足を埋める

　ROI追求、TCO削減どちらにしても、どうしても体制構築は後手に回りがちです。比較的ROI型のほうが、経営陣としては先行投資で必要な予算を充てる判断がしやすく、結果的にSalesforce管理者のアサインや必要経費に対する支援も受けやすいです。「1年後には受注を向上して営業利益がどの程度改善されることを見込むから、年間何万円のライセンスコストには投資価値がある」など、何をトレードオフしてSalesforceにかかるコストを捻出するかという先行投資の考え方を持っているからです。

　しかし、「社内の管理者やユーザにどの程度の人的コスト、努力が必要なのか」、「初期構築後にかかってくる対応とコストがどの程度あるのか」といっ

た、目に見えない"非機能コスト"は見えておらず、予算確保の必要性は認識できていないことも多くあります。必要な予算をつけてくれない経営者や決裁者には悪気はありません。この問題は、コスト削減系（単なる業務効率化、工数削減）の用途でSalesforceの導入を意思決定した場合はさらに顕著です。

「一度構築して導入したら、変更しない限りコストはかからない」と思っているのは、ユーザ企業の経営者だけでなく、Salesforce管理者にも多く見られます。初めての経験では知ることのできないシステムや業務的な負荷や課題が多くあるためです。不可抗力のような認識不足については、できることならばあらかじめ補足しておきたいところです。

人材確保と育成について考える

ROI追求型で先行投資を引き出し、見えないコストを認識して先手の動きを意識し、その先に出てくるのはSalesforce管理者の確保と育成です。Salesforce管理者は、本書でふれたとおりビジネスとITにまたがる複合的な要素を持つ職種で、なおかつ自社の実務やSalesforce固有の知識にも長けていなければいけません。すると、該当する候補者が少なくなりがちです。また、マネジメント未経験のSalesforce管理者が初めての育成に取り組むというケースもあり、候補者の発見にも育成にも課題があります。。

新たな仲間が見つからなければ、先駆者である管理者は仲間を得るまで孤独な戦いを長く続けることになります。より早く仲間を作る、仲間を迎えたチームの形や各自のキャリアの道筋を立てる、迎えた仲間を育成し支援するというテーマについても、思考を先に伸ばして考えておきたいところです。

この"見えないコストへの認識補完"、"人材の確保と育成"について掘り下げていきます。

9-2 Salesforceの"非機能"領域

システムの役割や効能を評価するにためには、目にみえる"機能"と"非機能"を意識する必要があります。非機能というのは、セキュリティとかパフォーマンスといったアプリケーションが動作する機能の裏側の制御や潜在能力であったり、日々の運用や新しいデータ・機能の展開にかかる業務的コストなどが含まれます。

　Salesforceは、クラウド型のサービスですので、サーバーの運用や監視などの物理的な運用業務からも解放されています。サーバーマシンのセキュリティパッチの適用だったり、Salesforceシステム標準機能のバージョンアップなども、ライセンスの金額の中で勝手にやってくれます。構築から数ヵ月後、いったん大きなバグもなくなり、定常的に運用がされ始めた頃を想定すると、“何もしなくても動く”といっても、実はさほどまちがいではありません。しかし、現在構築されたSalesforceシステムが“安定的に使えるのかどうか”について答えが出るのは、1年後から数年後だったりします。

　自社でSalesforceを導入したり、Salesforce導入支援をパートナー企業に委託してクイックに初期構築したときには、本来“要件定義”の工程で行う“非機能要件”の定義について漏れているケースが非常に多く見られます。ここには今後に向けた見えないコスト、負債の素が隠れている可能性があります。“非機能要件”は、エンジニア・技術者の世界では一般に通用する用語ですので、知っておいて損はありません。情報処理技術者の国家試験を運営するIPA（独立行政法人情報処理推進機構）が定義する非機能要件のカテゴリ分類が6つ（可用性、性能・拡張性、セキュリティ、運用・保守性、移行性、システム環境・エコロジー）あります。それごとにSalesforceにおける説明や考慮点について解説します。

◆可用性

　この項目にはシステムの稼働が担保される継続性や耐障害性、災害対策などが含まれます。

継続性

　Salesforceは、基本的には24時間無停止で利用できるシステムです。

　しかし、よく見落とされる点としては、メンテナンスによる計画的なダウンタイムです。最新の詳細はサクセスナビやヘルプなどで公式の情報を確認するのがよいですが、日本地域で契約したSalesforce環境は、原則日本時間で日曜日の未明から夜明け前にかけての間でいくつかのメンテナンスタイミングがあります。主に注意すべきは計画メンテナンスです。利用しているSalesforce環境のインスタンスによってもスケジュールは変わりますが、第1・第3日曜や第2・第4日曜の未明から夜明け前にかけてメンテナンスの時間枠が設定されています。実際には、必要に応じて行うため、計画メンテナ

ンスが行われない日もありますので、あくまで枠です。「Salesforce Trustサイト」で登録したメールアドレスに通知が飛んだり、システム管理者がSalesforceにログインしたときにメンテナンススケジュールのお知らせ画面が表示されるなど、事前に知ることができます。

このように、ビジネスタイム外の影響の少ない時間帯に短時間の停止があり得るので、この停止によって機会損失が発生するような用途でSalesforceを利用することがないように注意が必要です。例えば、年中無休の緊急コールセンターの問い合わせ対応機能、サービスの申し込み受付機能などです。停止中は社内のユーザもログインできませんし、社外にフォームを公開するような機能をつけている場合はエラー画面が表示されます。社内ユーザがログインできない場合に、Excelで入力しておく運用回避プロセスの準備や、メンテナンス時のエラー画面に表示するメッセージなどを工夫して、機会損失を回避するなどの作戦が必要です。

計画メンテナンス以外にも、有名な年3回のメジャーバージョンアップリリース（春、夏、冬）や、バグ修正の週次リリース、必要に応じて行われる日次のメンテナンスなどもあります。しかし、メジャーバージョンアップですらも5分程度の停止、そのほかのメンテナンスは原則停止時間なしで行われるような、脅威的な運用プロセスとなっています。

耐障害性

Salesforceは、過去の実績ベースで99.9％以上の稼働率を出すほど、長年安定して運用されてきているサービスです。自社でサーバから構築した社内システムで、これほど高い稼動実績を出すのは非常に難易度が高いですし、多くのコストがかかります。この点については、非常に心強いポイントです。稼働率を保証するSLA（規約上のサービスレベル保証）があるわけではありませんが、6-5でも解説した「Salesforce Trustサイト」でも、常時稼働状況は公開共有されています。物理的な構成など細かくは公開されていませんが、ハードウェア、ネットワーク、ストレージともに多重化[注1]されており、上場企業の情報システム部門が、社内規程として取り決めているような条件をほぼ確実にクリアします。

ただし、ほかの業務系システムや、Salesforce上に構築されていないAppExchange製品と密に連携して利用している場合は注意が必要です。

注1）一部が壊れても予備系統で動作するようなしくみのこと。

Salesforce単体を管理する場合は稼働率について十分な対策と実績が担保されていますが、全体として1つのシステムを管理されている場合は、Salesforce本体が99.9％で動いたとしても、連携する社内システムや、ほかの周辺ツールが止まってしまうようだと、全体としての稼働率は下がっていきます。

　昨今は、さまざまにきめ細かな領域でSaaSが増えてきたこともあり、Salesforce1つに頼らず、サービスを適材適所で組み合わせる"ベスト・オブ・ブリード"というシステム構成の考え方も増えてきました。業務や業界特化のSaaSであればカスタマイズはシンプルで、各ツールごとのキャッチアップが比較的簡単ですので、1人の担当者が全体を組み合わせるということも現実的になったためです。とはいえ、全体の稼働率の観点でも、運用業務の観点でも、ツールの組み合わせや連携が複雑で密になるほど、難易度が上がることは考慮しておきましょう。

災害対策

　これまでSalesforceが物理的に稼働しているデータセンターは、セールスフォース社が運用するデータセンターで稼働していました。しかし、2020年末に発表された"Hyperforce"（ハイパーフォース）によって、現在は主にAWSなどのパブリッククラウドサービス上で動く形に移行し、セールスフォース社はその上で動くサービスに注力できるようにしていく流れになっています。すでに多くのSalesforce環境がHyperforceのインフラ上へ移行されています。

　日本のユーザ企業の場合、APからはじまるインスタンス名で稼働しているのがセールスフォース社のデータセンター、JPNからはじまるのがHyperforce（AWSのデータセンター）で稼働しているものになります。それぞれ事情は異なるものの、基本的には国内で稼働し、災害時に切り替えるため常時同期をとって控えている**DRサイト**（ディザスターリカバリーサイト）も同一リージョン内に存在するような形となっており、復旧の難しいシステムやデータ破損のリスクは、ユーザ企業内のユーザによるオペミス以外ではほぼ考えられないような作りになっています。

　Salesforce自体よりも、自社の社屋や、利用するPCの配置場所、連携するシステムなど、Salesforceにアクセスする側の環境で災害が発生した場合の対応については、あらかじめ考えておく必要がありそうです。

◆性能・拡張性

こちらは主にパフォーマンスやシステムのキャパシティに関する項目です。

業務処理量

性能について考える場合は、その前にどの程度の業務量やデータ量が発生することを想定するかという基準を考えます。これはユーザ数はどの程度からどの程度を想定するのか、主に何時から何時で利用し、ピークタイムがあるのか、管理するデータやファイルはどの程度あるのか、ユーザ数に比例してどの程度増えるのか、将来的に管理すべきマスタデータは何件程度あるのか……といった処理や情報の規模感のことです。

業務処理量について、戦略的な位置づけでSalesforceを利用する場合、試行錯誤で運用が変わることが予想され、見通しが立ちにくいことも多いでしょう。何ギガもある動画ファイルをユーザがバンバン保管するとか、他システムから日々何万、何十万もの履歴データやマスタを取り込むなど、特徴的な運用がなければ、あまりシミュレーションを細かくする必要はありません。人が1日に手入力できる処理数やレコード数はさほど多くありません。

データボリュームについては、Salesforceのストレージではキャンペーンメンバーや個人取引先といった特殊なオブジェクトを除き1レコード2キロバイトで算定されます。また、契約ライセンス数にかかわらず、最低で10GBのデータストレージ容量が提供されますので、約500万レコードは保管できます。初年度にデータが管理しきれなくなるケースは少ないでしょう。

1ユーザが年間いくつの商談を行い、1商談につきどの程度の活動情報を記録するのか、他システムから移行したいデータは何レコード程あるかなど、大体のレコード件数と増分（1ヵ月あたりにどの程度増えるか）を概算しておきましょう。

性能目標としては一般的に、ユーザが画面を通して業務処理を行うとき、3〜5秒程度かかる場合は不満になりますので、そのあたりを目標とします。

性能

性能については、クライアント（SalesforceへアクセスするPCやモバイル端末）の性能とブラウザの性能、社内からインターネットに出るまでのネッ

9

成長に向けた準備

トワーク、契約しているネットワークプロバイダといった“自社でケアすべき部分”と、Salesforce側のサーバーが要求を受付、処理し、レスポンスを返すまでのレスポンスタイムといった“セールスフォース社に握られている部分”とがあります。画面が遅い、開かない、読み込み中にJavaScriptのエラーが表示されたといった、社内のユーザからの問い合わせの多くは、社内側のネットワークや端末起因の場合も多いため、問題の切り分けと改善策については、複数の関係部署で確認してもらうようにし、Salesforce側だけで原因を調査しないように注意が必要です。レスポンスタイムについては抜本的な対応はできませんが、処理の受付はSalesforceサービス側で分散してさばいてくれますし、何名のユーザを抱えていようが、同時接続による性能問題は原則ありません。平均的なレコード詳細画面のレスポンスは1～2秒程度に安定しています。

また、Lightning Experienceと呼ばれるSalesforceのUIは、画面の要素が部品（コンポーネント）化されており、同じ顧客画面でも初期表示する情報をタブコンポーネントによって分けるといったカスタマイズができます。1画面に表示される情報量を小さくしていくことで、遅いと感じる画面機能の処理を早くするような改善方法も使えます。

一般的に、1オブジェクトあたり100万件を超えてくるような量になると、これまで何の気なしに使っていたレポートや画面が重くてなかなか動かないというケースが増えてきます。入力されるデータ件数の増加ペースが早いオブジェクトについては、検索条件設定が甘いレポートや、情報量の多い画面など、あとあとチューニングしていく手間が発生すること踏まえておきましょう。「大量データボリューム　対策」と検索することで、大量データを扱うときのベストプラクティスについて、長きにわたって解説が加えてられてきた公式のガイド資料を入手できます。データ件数が増えてきた場合、またはそれに備える場合は参照しておきましょう。

◆セキュリティ

ここは非常に自由度が高く、重たいテーマですので、少し注力して解説します。

全般
セキュリティ関連の設定は多岐にわたるため、設定のすべてを語るのは難

しいですが、主なアクセス制御となる認証までの部分と、データ／機能の利用制限について解説します。

　Salesforceは金融系／官公庁系などの固い情報統制のルールがある業種でも利用されるとおり、厳しくしたり、きめ細かくすることがかなりできます。セキュリティについて考えると、限りなくリスクをゼロに近づけたくなったり、部署やユーザ間では共有する情報としない情報をきめ細かく制御できるならそのほうがよいなど、MustなのかWantなのかわからない要件が社内からあがってしまいがちな項目です。緩すぎると、あとで一気に運用負荷がかかり、最初から厳しいと、日常の問い合わせや定期的な組織変更などのときに不備があったりで、これまた運用負荷になります。どのような設定があって、どの程度を基本とするのがよいかがわかっていれば、妥協点も探れる可能性がありますし、現状厳しすぎたり緩すぎるようであれば、よりバランスよく対処することもできます。

　Salesforceで行えるセキュリティ設定の全体像を表すと、次のようなリボン図になります。

■Salesforceセキュリティのリボン図

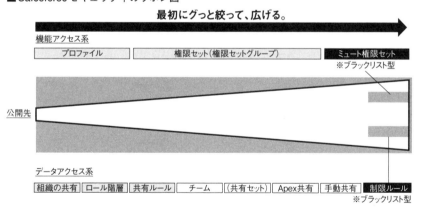

管理すべき権限は大きく2つで、1つはSalesforceにユーザとして入るための認証に関するものです（Salesforceの外から内側へ）。これはID／Passwordだけの認証に加えて、多要素認証（MFA）のしくみによるスマートフォンアプリや、YubiKeyなどによる追加認証、そのうえで特定のネットワーク経路から出ないとログインできないIP制限といったものがあげられます。原則的には、2022年1月からはID／Passwordだけでなく多要素認証

は必須にされていますので、入り口はかなり絞って入ることが強制されるしくみになっています。もちろん、通信はHTTPSでのアクセスですので、通信内容はすべて暗号化されます。

　そのうえで、システム内でどんな操作をするか、アクセスできるデータの範囲はどこまでかといったものは、かなりユーザ企業側に裁量がわたされており、きめ細かく設定します（Salesforceの内側）。機能やデータアクセスについては、最初にグッと絞って、適宜広げてね、という設計になっています。また、全体としてセキュリティ設定は"何を許可するか"を設定するホワイトリスト形の設定になっていますが、近年ではさらに柔軟になり、最終的にブラックリスト形で絶対見せたくないデータの範囲、絶対に付与したくない機能権限をセットできる機能が追加されています。

アクセスコントロール

　アクセスコントロール系だけを拡大して見ると、次の図のようになっています。

■アクセスコントロール系

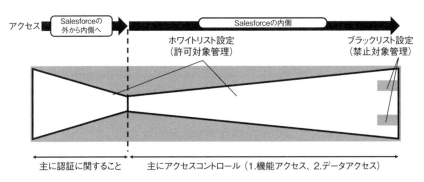

　まずは図の上段部分、機能アクセス系の考え方について解説します。カスタマイズの方法として、"プロファイル"および"権限セット、権限セットグループ"（権限セットを複数含むフォルダのような役割）による制御が主に使われます。

　もともと、機能アクセス系はプロファイルという設定がメインでしたが、比較的近年登場した権限セットによる設定が今後は推奨され、2026年頃を目処にプロファイル機能のサポートが終わる可能性があると発表されていま

す。そのため、プロファイルで設定する許可機能は、あくまでもページのレイアウトやレコードタイプのデフォルト値といった限定的な設定だけが管理され、代わりに何段階かの役職や職種によって権限セットグループを作ってわり当て、兼務など特殊な事情によって一部権限だけ付け加えたい場合に権限セットをバラでわり当てるといった形が、今後の主流になると思われます。

　ただし、本書執筆時点（2023年11月）でも過渡期真っ只中ですので、実際にはプロファイルでほとんどの機能アクセス権を管理しているケースが、既存のユーザ環境ではまだまだ多いでしょう。今後のバージョンアップやベストプラクティスとしては、権限セットでの管理に軸足が移っていくと理解しつつ、焦らずに公式の発表を注視してから、既存の管理方法を変えるようにしましょう。

　日々の運用トラブル、内部統制や認証取得の監査を想定すると、システム管理者的な権限については、特定の権限セットグループに集約して、誰がそれをできるのかを明確にしておくことをおすすめします。具体的には、すべてのデータの参照や編集権限、各オブジェクトのレコード削除権限、ユーザを管理する権限、権限を管理できる権限などです。これらを一般ユーザにわたすことは、利便性とのトレードオフの問題ではなく、原則としておすすめしません。

　続いて図の下段部分、データアクセス系の考え方についてです。こちらは、実に多くの設定があります。"組織の共有"設定で、各オブジェクトごとにデータの持ち主かロール階層で上位にあたる人しかアクセスできないというのがデフォルトです。これを共有ルールによって、特定のロール階層のデータは全社的に公開したり、特定の条件に合致するデータはある部署には全公開など、適宜広げていく形になります。

　組織の共有、ロール階層、共有ルールの3つでなんとか対応するのがおすすめです。レコード単位で共有する設定をいじれるものがあとに続きますが、今後の組織変更や人事異動があっても、過去作成されたレコードへのアクセス権を正しく保てるかというと、アクセス許可のルールが煩雑なために、管理が困難になってきます。

　このように、原則はホワイトリスト形式で、全体としては小さく許可し、その後別の権限設定でちょっとずつ許可する範囲をたしていくというような形で設定します。そこに加えて、"ミュート権限セット"や"制限ルール"、と

9

成長に向けた準備

いうブラックリスト型の新しい設定も近年登場しています。明示的に禁止したい権限をあとから追加できるような設定です。ホワイトリスト型の欠点として、ユーザの意図に反して、見せていないつもりが"うっかり使えてしまう／見えてしまう"という事故がありました。これらのブラックリスト形式の設定によって、秘匿性の高いものは明確に特定のユーザ層には見せないといったまちがいのない管理ができるようになっています。

◆運用・保守性

日々の運用作業、バックアップ、不具合などの運用監視や連絡プロセス、サポート体制などが含まれます。不具合などのアナウンスのユーザ向けの通知や共有といった点、製品サポートを含めた体制と連絡経路などについては6-5で扱っていますので、そのほかの点について解説します。インフラに関わる部分は、セールスフォース社が運用監視してくれているので、基本的に管理者は各社固有の機能とデータの動きに着目しておけばよいです。

■運用と保守

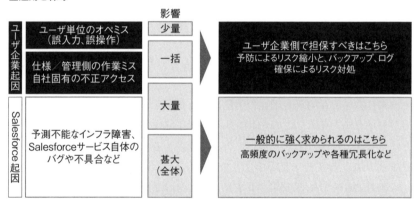

まずは、何らかの影響が発生したときのためにバックアップを取得することを考えます。バックアップというと、定期的に差分なりをファイルでどこかに保管してためていくイメージがありますが、サーバー故障・ハードウェア破損などインフラ側の甚大なリスクについては、Salesforce側で対応しています（DRサイトへの同期や物理的なテープバックアップなど）。考えるべきリスクはあくまで各社固有環境上の特定の操作（オペレーションミス、機能実装ミス）に起因するものです。

　社内からは神経質な声があがるテーマでもありますが、無闇にバックアップ
や保険的な作業を積み上げると、付加価値の低い運用業務が増えてしまいます
ので、論理的に考えると次の図のような整理がミニマムになるかと思います。

■バックアップの整理

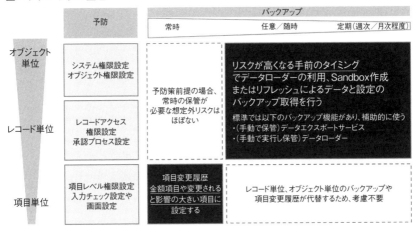

　具体的には次のような、"リスクが大きくなる操作や作業の手前"でバック
アップを都度とるという形です。

- 大量のデータにアクセスできるユーザを操作権限で的確に絞って予防
- 重要項目値の変更については、項目履歴管理の機能を使って確実に前後値
  のログをとっておく
- 夜間バッチなどで一括でのデータを書き換える場合は、その手前で対象
  データをいったんバックアップしてから書き換える

　これらを基本方針として、あとはこれに対してどの程度保険的意味合いや
想定されるリスクに対してヘッジを効かせていくのかということを、コスト
と効果のトレードオフで議論していけると、よい落とし所に着地できるかと
思います。
　上場企業、または上場基準を目指す場合で、Salesforceで管理する情報や
業務プロセスに重要なものが多い場合は、プライバシーマークやJ-SOXなど
の監査項目に満たす運用や、システム側の対策が必要です。Saleforceを利用

していることで担保される項目も一部ありますが、例えばユーザや強い権限の付与対象者の定期的な棚卸しのような運用業務の追加や、承認フローの履歴をチェックリストなり、ワークフローシステムなり、Salesforceの承認プロセス機能なりで残しておくといった対応も必要です。

　バックアップのテーマを含め、何かがあったときに原因や記録を追えるのかは重要です。そこで、Salesforceが標準で提供している項目変更履歴、ログイン履歴、システム設定変更履歴に加えて、より詳細なログや運用管理／セキュリティ強化系機能が含まれるSalesforce Shieldというオプションライセンスの購入が必要になってくる可能性も出てきます。上場や認証取得時には、予算がかかる可能性があるものとして認識しておいてもらうようにしましょう。オプションライセンスを使わずに対処できるAppExchangeや、作り込みでログを取得する機能の開発なども一定可能ですし、チェックリストや定期的な棚卸しなど、アナログな形での監査対応でクリアできる部分ももちろんあります。ただし、Salesforce管理者側の負担がそれによって増えすぎてしまうことがないよう、会社側とも課題として検討してもらうようにしましょう。

◆移行性

　システムの切り替え、機器の入れ替え、データの入れ込みなど変更を加えるときのリリース手順や対策が含まれます。みなさんの会社のSalesforce単体の話でいえば、新しい設定や実装した機能を本番環境にどう展開するかや、新しいマスターデータや他システムの履歴データを大量に流し込むときにどうするかといった話がメインです。

　SalesforceにはSandboxという、本番環境から設定情報をまるっとコピーしたテスト用の環境を発行する機能があり、ライセンスを契約すると一定数量がわり当てられています。また、SandboxからSandbox、またはSandboxから本番環境へと機能をリリースする"変更セット"という機能があります。「Sandboxがあるという話は知っているけれど、実際には使っておらず、なんだかんだいつも本番環境に直接触りにいってしまう。このままでいいんだろうか……」という声はよく聞きます。システム開発のプラクティスとして定石なのは、**開発環境**（Develop環境）、**検証環境**（Staging環境）、**本番環境**（Production環境）の"3システムランドスケープ"に分けて管理する方法です。原則、データや機能の変更に関する個々の作業は開発環境でテストし、

検証環境にリリースしてリリース手順をテストし、総合的なテストを検証環境でおこなったうえで、本番環境に最終的にリリースするといったステップを踏むことを想定しています。さらに欲をいえば、本番環境をもとに最新の機能や、ある程度のデータが反映された本番相当環境も用意し、本番環境での不具合調査であったり、急ぎのバグ修正プログラムの実装と検証を行うような環境も追加であるとよりよいです。ただ、兼任で1人からはじまるようなSalesforce管理者の現場では、こうした"きちんとしたリリース手順の管理"は現実的にはうまく回りづらいこともあり、次のように徐々に変わっていくのが現実的だと思います。

■リリース手順の管理

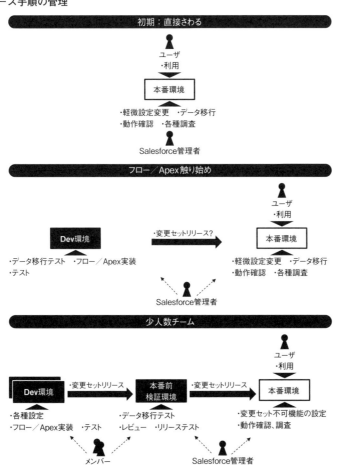

1.直接触る

　自分だけが管理者作業をやっており、誰かと作業がかち合ってしまうことはないため、Sandboxを使いません。作業をまちがえたときに致命的なことがないよう、注意が必要です。具体的には、データの削除や書き換え、スケジュールフローやレコードトリガフローなどの自動処理機能の有効化といった作業です。作業前に変更前のデータや設定の情報を保存しておくこと、まちがったときにゴミ箱からデータを復元できるよう、少量のデータ投入でテストする、フローなどの実装機能を入れる場合は、意図的に最初は条件を絞り込んで、特定の数件のデータだけが対象になるようにしておくなど、部分的に試して、そのあと本番リリースするといった形です。

2.開発環境だけ使う

　Sandboxを開発環境用途で1つだけ払い出して、自分の実験や検証用に持っておきます。少し込み入ったフロー機能や、Apexといった部分的な開発機能、少し多めのデータ移行などについては、あらかじめ個人で検証してから本番環境に移します。

　確認する手順を入れている分より安全ですが、変更セットを使わずにフローやほかの設定を本番に直接入れていく場合は、注意点は1と同じです。決まった手順の同じ作業を繰り返すだけでも、人はミスをします。

3.検証環境を通じてリリースする

　開発環境、検証環境をへて、本番環境にリリースします。ほかのメンバーや外注者への一部委託をする場合などは、本番環境への変更は、誰が何をいつしたのか、はっきりとしておく必要があります。それに、最終的な作業や変更内容の承認業務は、Salesforce管理者のリーダーであるみなさんの仕事になります。必然的に、メンバーごとに1人1つのSandboxを払い出し、そこで各自作業をしてもらったあと、本番環境から随時作成／更新して、設定内容を同期している検証環境に変更セット機能でリリースします。こうすることで、必ずSalesforceを管理する責任者にすべての作業確認が入ることになりますので、ゴミデータや使われないゴミ設定がたまってしまうこと、ほかの設定と重複したり、整合性がとれない機能のリリースを防ぐようなチェック機能が働きます。また、変更セット機能で開発から検証、検証から本番へリリース対象の機能を移行しますので、移行漏れなどのミスが起きにくくなります。

この先には、**Salesforce DX** の各種ツールやプロセスを利用した、さらに高度なリリースや移行管理の方法もあります。人数が増えたり、日々の課題対応・改修の量が増えれば増えるほど、手順を高度化させていくことができますので、将来的なチャレンジとして頭の片隅にいれておきましょう。まずは機能を1つリリースするのでも、本来は事前確認やSandboxでの作業が一定発生するため、「手動で本番にやればすぐできる」という速すぎるスピード感を組織全体の期待値として持たないように、注意しておきましょう。

◆システム環境・エコロジー

最後の項目です。システムを配置する地域や環境に則した設備、または環境負荷などへの配慮などが含まれます。あまり関係のない項目に感じるかもしれませんが、例えばSalesforceを海外のグループ会社とともにグローバルで利用する場合、各国ごとの規制に従う必要が出てきます。また、時代の流れとして、CO2排出量削減など企業の環境配慮に関する要請は高まっているため、システムを扱うとそれら外部環境との調和や、要請に対応するためのコストがかかります。例えば、Salesforceは2021年時点で"バリューチェーン全体で温室効果ガス排出量を実質ゼロ化するネットゼロ"の達成とともに、"事業活動において100%再生可能エネルギー化"を実現しています。つまり、みなさんの会社の事業活動においては、Salesforceでシステムを利用することによって、カーボンニュートラル・ネットゼロに向けた指標を悪化させたり、カーボンクレジット購入の負担が増えるということが避けられるということです。

そのほか、ISO、プライバシーマーク、FISC、J-SOXといった認証への対応を会社としてしている場合には、Salesforceシステムの環境について監査に対応する業務は必要になってきます。これらは認証を継続し続ける限り必須作業となるため、こういった対応にも人的コストがかかります。一般には、各種認証取得はSalesforceに限った話ではないので、社内に誰かとりまとめを行う担当者がいるはずです。早めに要求事項のリストを受領するなどして、対策を検討しておきましょう（セールスフォース社の製品やデータセンター運用などに依存する項目についてはセールスフォース社へ相談を）。

9-3 兼任? 専任? 何人? Salesforce管理者の組織化

　孤独な管理者にとって重要なテーマです。チームの組成について、まずは組織化（ハコづくり）と役割分担、キャリアについて考えていきます。

　「Salesforce管理者は専任でアサインすべき」、「Admin（Salesforce管理者）チームを組織し、投資することが導入成功の秘訣」といった"べき論"は過去10年以上、定期的に見かけます。まちがいなく兼任よりは専任のほうがよいでしょうし、個人の属人よりは複数名のチームのほうが、Salesforceの管理業務をより高度に継続的にこなすという視点ではよいでしょう。セールスフォース社や導入支援／運用支援を行うパートナーからしても、きちんと人がわり当てられているほうが助かります。社内の意見や意思決定をとりまとめ、推進してくれる人がついているほうが、プロジェクトもやりやすく成功しやすいためです。管理者からしても、仕事はより潤沢なリソースでやれたほうが負荷も低く、より中長期的な目線と余裕を持って取り組めて安心です。

　しかし、これらの"べき論"は導入現場や運用現場視点のポジショントークであって、それ自体は会社内での合意形成を進めるうえであまり効果がありません。では、どのようにしてあるべき体制を考え、整えていけばよいのでしょうか。体制構築に向けた視点は2つです。

1.早い段階で追加の人員が必要となるようにSalesforceの投資対効果を作りにいく

　会社業績が伸びない中ではない袖は振れません。Salesforceが既存のコスト削減にいくら寄与して、要員追加を謳っても、実際には難しいでしょう。利益貢献の不明確なSalesforceとなってしまうと、中期的にはSalesforceもSalesforce管理者のバリューもなくなり、解約をしたり別業務に回されることになり、せっかくのSalesforce管理者という挑戦も途切れてしまいます。

2.事業とSalesforceの特徴に合わせて、人材に求める素養と役割を明確に設定する

　一般の社員採用やパートナー採用と変わりません。ここを考えないと、"地頭のいい人"、"主体性のある人"、"Salesforceと業務がわかる人"といった、見極めが難しいうえに候補者が少ない状況になります。また、保有スキルだ

けを要件にすると、その人に期待する成長やその後のキャリアについても見えづらくなります。大変そうなうえに、キャリアアップにつながるイメージが持てなければ、候補者の人からしても魅力を感じづらいものになります。

◆1人で管理者をやる時間が長くなればなるほど あとから人を増やすのが難しくなる

まずは1つめの視点、"早い段階で追加の人員が必要となるようにSalesforceの投資対効果を作りにいく"について考えます。

前述のとおり、コスト削減系の取り組みは、初期の人員アサイン（割り当て）以降は追加で予算がつきづらく、業績向上系の取り組みは先行投資の判断が獲得しやすい特徴があります。とはいえ、8-4にあげたとおり、Salesforceはビジネス変革のプラットフォームですので、Salesforceを適用する範囲としては、SFAのような業績向上系の取り組みだけでなく、作業効率化などコスト削減系の取り組みも欠かせません。

問題は順番です。最終的にはコスト削減系も業績向上系も、使えるところでは存分にSalesforceを使っていくことになりますが、Salesforceが大きくなればなるほど、管理者の負荷は上がり、仕事は複雑になります。仕事が多く複雑な状態だと、新しく人をいれようにも"仕事を覚えてもらうこと"や"作業を切り出すこと"も難しくなり、ただでさえ少ない候補者がもっと絞られることになります。そのため、先行投資を受けられるような会社に期待される領域でSalesforceを使い、業績を伸ばすことに絡み、しくみや運用が複雑化しすぎる前にともに走る仲間を増やして、システムを横に広げていく流れが理想です。

■コスト削減系の取り組み

社内でのSalesforceと管理者の地位向上につながる
テーマや実績を優先することで予算/人員的な投資を呼び込みたい

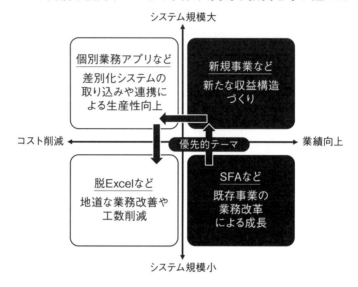

　Salesforceに限らず、システムは時間がたつにつれて経緯や機能が積み重なっていきます。先駆者であるSalesforce管理者からすると、導入後から徐々に積み上がって、大変ながらも都度キャッチアップできたことが、あとからチームにJoinした人にとっては、いきなり複雑で大きなシステムに向き合うことになります。後任者にとって、既存Salesforce環境のキャッチアップは容易ではありません。初期から現在までの経緯を把握する情報量に加えて、システムの用途が複数のアプリケーションの基盤として横に広くなっている場合、アプリケーションごとの業務のちがいや作り方のちがいも相まって、さらにキャッチアップする難易度が上がります。こうした形で、コストベースでのSalesforce活用をメインにしていると、多くの業務や機能が詰まったSalesforceを1人で見る期間が長くなりがちで、属人化の温床になります。ドキュメントが整ってないとか、人が育たないという課題はよく聞きますが、そういう次元ではなく、シンプルにSalesforceが担う業務が広く多く複雑になった状態からキャッチアップすることが、そもそも難しいということです。本来は、アプリケーションや業務領域ごとに1人の情シス担当がついてもおかしくないのがシステム運用の常でしたが、Salesforceは1つの基盤にいく

つものアプリケーションが載せられるため、管理者の数やかかるコストがシステム規模に対して小さく見積もられてしまいがちです。これでは先に進めませんし、人をあとから迎え入れるのは難しく、厳しい現実が待っています。

"早く行きたければ、1人で進め。遠くまで行きたければ、みんなで進め"です。ビジネス要求とスピードを優先することで、どこかで行き詰まりがちですので、行き詰まらないように先々を意識し準備して動くことは、常にバランスが重要です。

◆自分の成長と、メンバーの成長をデザインする

2つめの視点、"事業とSalesforceの特徴に合わせて、人材に求める素養と役割を明確に設定する"についてです。Salesforce管理者業務のためのキャッチアップも実行も自分一人でやっていた姿から、チームに人が入ってきたあとのあるべき体制や、人材の役割について考えます。

データもユーザも時間とともに増えていきます。非機能にも影響し、運用期間と管理コストは加速度的に増大していくことになります。また、運用期間をへて、初めて発生する不具合などの突発対応や抜本対応も、あとから出てきてしまいます。

機能だけでなく、周辺のシステムや新規の取り組み巻き取って、Salesforce自体も継ぎたしされる性質があります。そのせいで、初期から参画している1人目の管理者には、ナレッジやスキルが集中し、周囲とのギャップを生みやすいものになります。

そのため、できるだけ早く複数名体制に移行したいところです。組織・チームを作るという観点で重要なことは、"1人でこなしていたことをどう定義し、分担していくのか"だけでなく、自分とメンバーの次の成長ステップはどこかをイメージして、複合的で専門的すぎる仕事を習得可能な形で切り出し、持続的に成長できる形を目指します。ただ人を増やしただけでは、1人でやっていた仕事を2人がかりでやるだけになってしまいます。"先輩管理者である自身がどこに向かうのか"、"2人体制の場合は、どのように業務を設計し分担するのか"を考えることで、一人管理者体制からチーム／組織の形へと変わっていくことができます。

みなさんの会社の組織規模や人数などによっても変わってくると思いますが、"Salesforce管理者の業務"を企業経営の一部として組織化するときの代表的なモデルを2つあげます。1つは情報企画型、もう1つは事業企画または

営業企画型です。

　当然ですが、Salesforce管理を専任でやっていた人も、キャリアアップすると Salesforce だけに限らない仕事へと可能性は無限に広がっていきます。

情報企画型の特徴

- SFA用途での営業改革一点突破だけではなく、ほかの社内業務アプリケーションの機能の載せ替え、社内他システムとの連携が実装されているなど、情報システム基盤としての位置づけが強い場合に向いている
- "Salesforce"に含まれるシステム領域や連携させるシステムが多いため、管理者は主に各システムの要件と運用といった情報系業務に注力・精通するよう学習する
- Salesforce管理者は、主に情報システム系の部署内で管理業務に従事しているケースが多い
- 各ユーザ部門ごとの業務課題や実行のとりまとめは、各部門側に協力者を作って連携する
- Salesforce管理者は、各事業部のオペレーション改革の担当者BizOps[注2]（ビズオプス）と連携する横串の存在として位置づけられている
- 業務課題や企画の主導はBizOpsが主導しますが、各BizOpsメンバー向けにはSalesforceの活用トレーニングや業務の勉強会などをとおして、相互に協力する
- Salesforce管理者として後輩を育てたら、いずれかの事業の戦略実行のパイプ役としてBizOpsへ横移動したり、他周辺システムの管理者としての役割まで拡張し、やがては全社のデータ活用を司るData Analyst（アーキテクトとも）へとステージアップする
- 新人のメンバーは、各事業部ごとの業務課題よりもSalesforceシステムのデータ構造や周辺システムとの関係性、定常業務や不具合対応などによる機能を優先的にキャッチアップすることから入る

注2）Business Operationsの略で、Business Analystと呼ばれることもある。

■情報企画型

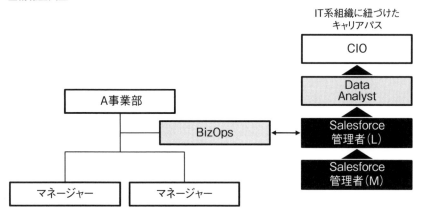

事業企画／営業企画型の特徴
- 主にSalesforceがメインとする営業改革文脈など、特定の業績向上系にフォーカスした目的から活用を始めている場合に向いている
- "Salesforce"の主な用途は決まっているため、複数の事業部や大人数のBizOps業務をSalesforce管理者の上位職がとりまとめて対応し、全社の業績向上を間接的に担う
- Salesforce管理者は、主に経営企画や事業企画、営業企画といった部署内で管理業務に従事しているケースが多くなる
- Salesforce管理者は、あくまでも業務改革担当者であり、各事業部の責任者と連携する横串の存在
- 全社経営と各事業責任者と密に連携し、Salesforceを使って戦略を実行するプロセスを整え改善する
- Salesforce管理者として後輩を育てたら、営業改革に特化した**SalesOps**（セールスオプス）[注3]や、業務のつながりと生産性向上を手がけるBizOpsへとステージアップする
- 新人のメンバーは、技術的なことよりも担当事業部の業務や組織課題の把握、データの可視化、分析、活用といったオペレーションを優先的にキャッチアップする

注3）BizOpsの販売プロセス特化版のこと。

■事業／営業企画型

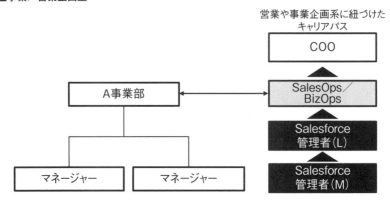

実際には、事業部制の組織がなかったり、情報企画型でいうところの
BizOpsのような、Salesforceと実務をつなぐ調整役のような人が事業部側に
いなかったりということが発生しえますが、役割に相当する方に適宜読み替
えたり、たりない役割や機能を担う人を探すといった形で、後任者や社内の
仲間を探す活動のヒントとしてください。

9-4 Salesforce管理者のジョブ特性と候補者

　Salesforceの活用の中で、ROIやコスト削減効果を示し、組織の箱と人材
要件を固めたら、最後は人材の確保です。ITに絡む専門人材の市場はいつも
人手不足ですので、ここについてはこれといった解がありません。基本的に
は、会社に増員の許可をもらい、採用予算や社内異動調整などの方針を擦り
合わせて進めます。

　Salesforceの製品機能やカスタマイズ自体は、固有の知識／スキルですの
で、Salesforce経験者を探したくなります。本書で繰り返し解説してきたと
おり、Salesforceのユーザやカスタマイズ経験者を採用しても、該当する営
業などの業務経験がなく、実務把握にハードルがあったり、Salesforce以外
のITツールを活用した経験もなかったりと、必ずしも外部からSalesforce経
験者を登用するばかりが正解とも限りません。

　一専門職として登用するというよりも、将来的には業務系または情報系の
マネジメントやジェネラリストの道がありますので、社内登用から

SalesforceやITの未経験者を登用することが現実的には得策に思います。2-2に記載したアンケートのとおり、多くの管理者は"自社のビジネスや業務への理解"が重要な要素だと考えていますので、社内の他部署メンバー、しかもユーザ側でSalesforceを使っていた人材であれば、よりマッチ度は高いと考えられます。

　導入して間もないSalesforceで、さほど独自の機能追加もカスタマイズも多くない場合は、自社の業務課題をよく知るユーザ部門から内部登用し、Salesforce固有の知識をともに覚えてもらうということも十分考えられます。または、自社業務のオペレーションについて、新卒やインターン向けのオンボーディング（立ち上げ教育）コンテンツが揃っている会社も多いでしょう。その場合は、同様の教育や配属後のロールプレイやOJTなどを経験してもらい、業務を理解したうえで、新卒・インターンにSalesforce管理を覚えてもらうというのも有効に機能したケースも多く見られます。仕事柄、問い合わせ対応や不具合／要望対応のヒアリングなどでコミュニケーションが多く発生する点は、新卒やインターンのメンバーからしてもメリットがあり、Salesforceを実際に使っている同期や若手メンバーとの闊達な議論などから、Salesforce管理者としてだけでなく全社組織の成長の視点でもメリットがあります。

■Salesforce管理者の登用

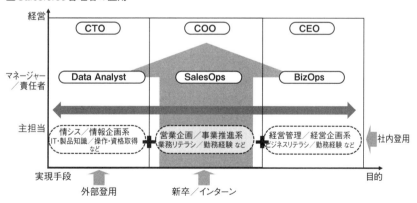

今後は、"Salesforce管理者"や"BizOps"といった職種で、一般の人材市場でも流動的に人が動いていくでしょう。しかし、現状Salesforce管理者やBizOpsの人材市場はまだ一巡目という状況で、求人も人材も多くありませ

ん。"Ops"系の仕事も、会社規模や業種のちがいがあって、同じ職種に見えても多様性があり、自社の人材ニーズと意外とマッチしないこともあるようです。

　自社のSalesforce管理者に求められる要件や、キャッチアップの進め方、将来のキャリアといったものを構築しながら、社内／社外ともに候補に入れて人材の確保に動きましょう。

9-5 未経験者を育成するときの課題は何か

　いざ新人をチームに迎えることができたら、次は育成です。最低限の会社としての研修の実施や、本書の第1部や第2部に書いたような学習・理解を深めたとして、OJT形式で徐々に実務に参画していってもらうことになるでしょう。

　Salesforce管理者であるみなさんがなんとか自力で自発的に学んできた道と、自分という上位者がいるもとで後輩管理者が育っていく道は、少し事情が異なるため、そのちがいについてふれておきます。

　1人目のSalesforce管理者は、基本社内にはあまり頼れる人がいません。協力者という観点では、直属の上司や、システムに詳しい情シスの担当者、営業組織のマネージャーなど、相談先はいるかもしれませんが、"Salesforce"とキーワードが出る仕事はすべてあなたのもとへやってきて、それをどう回すか、やらないかも含めてある種の裁量（というよりも、責任）があります。

　一方、みなさんの後輩となる新人メンバーからすると、よくも悪くも与えてもらうものが多く存在します。裏を返すと、仕事には自由度や裁量がなく、勝手に振る舞う必要も権限もないため、まずはすべき仕事をもらい、いわれたとおりにこなせるよう教わる立場です。一定の初期学習などを行なったら、OJTでアシスタント・お手伝いから作業を始めます。

　こうした背景・時間軸が異なることもあり、後輩の育成は"現在のシステムや管理者業務の全体像"、"現在にいたるまでの自身の成長経験"と切り離して考えることがポイントです。全体像の理解を目指すのはハードルが高く、自身の努力の仕方ほど能動的な努力を求めるのは難しいためです。

　みなさんの経験や知識は、後輩にとって価値にあるものではありますが、"これまでやってきたこと"よりも"今後やっていくこと"のほうが多いです。

いつまでも自分が先頭でタスクを作り出していたり、自分が先に考えてあとについてくるアシスタントを抱え続ける状況を抜け出して、後輩管理者が1日でも早く、自己完結できる仕事を作り、能動的に工夫できる領域を一部でも持てるよう後押しします。

人材マネジメント論やコーチングのような教育に関する基礎知識など、人の育成やマネジメントについては学ぶべきことが多いため、不安に思うかもしれません。こうした知識は継続的にインプットしていく必要はあると思いますが、育成を考えるうえで優先的に意識すべき構造上の課題は大きく2つです。

- いかにタスクではなく仕事をキャッチアップしてもらうか
- どのように指示を減らし、能動的に動いてもらい、支援側に回るか

この2つは順番というより、相互に関連し、同時に意識すべき点です。切り出して1ずつ解説します。

ちなみに、これは意見と提案ですが、研修のコンテンツが揃ってなくて不安がある方は多く聞くものの、自社の業務やSalesforceについては、まずはありものだけで問題ないと考えています。もちろん、多くあるにこしたことはありませんが、Salesforce管理者が1人、またはシステム規模に対して少数で対応されている場合、変化の激しいシステムや業務の都合上、資料をメンテナンスし続けるのはどうしても無理が出てきます。基本的に、研修の資料やコンテンツを揃えて磨く必要性というのは、育成しなければいけない人の量・機会が多いからこそ発生します。育てるべき対象が1人や2人の場合に、資料が豊富にないとか、動画のようなわかりやすいものがないというのは、少なくとも致命的な課題にはなりません。実務的な資料やコンテンツがあれば、「読んでおいて」とわたすことで、自分の時間を稼いだり、レクチャをする手間が軽減されるように思うかもしれません。しかし、実際にはそのような完成度の高い資料を作るのは難しく、また完成度の高い資料でも、初学者は思ったほど吸収できておらず、何度も説明する必要はあります。

初学者を1人にするぐらいであれば、口頭でレクチャーをしてコミュニケーションを深めましょう。代わりに、育成対象の人には、任せた作業の対応時間が想定の1.5倍になってもいいので、ログ（記録）をつけてもらいましょう。ルーティンワークだけでなく、日々の作業をスクリーンショットや

引用した資料、リンクなどの情報とともにログを随時つけてもらうことで、作業手順書のドラフトにもなりますし、そのほかの作業についても、ログが残っていれば考え方や手順のまちがえへの補足説明など、育成のためのフィードバックは的確でピンポイントに実施しやすくなります。

9-6 いかにタスクではなく仕事の仕方をキャッチアップしてもらうか

Salesforceの機能や操作に関する知識やスキルそのものは、先輩管理者のつながりや情報源、Salesforce公式の情報のキャッチアップなどを通じて、時間の問題で習得できます。しかし、実際にはSalesforceで何らかの作業をするというタスクが生まれるまでにはプロセスがあります。

データローダーで新しいマスタデータを入れることや、入力ミスのあったデータを書き換えるといった手段を決めること、作業の必要性を話し合う社内コミュニケーション、作業の必要性についての検討・企画といったものがあり、それらひとつひとつのタスクの一連のプロセスが"仕事"です。そのため、"タスク（作業）ではなく仕事を任せていきたい"ということは、すべての上司・先輩の願いかと思います。

◆仕事のプロセスと視野／視座

「よし、この仕事任せてみようかな……」と考えてみると、さっそく壁にぶつかります

- 必要なアクションやタスクが多岐にわたり、社内業務的にもシステム的にも前提知識が必要で、教える時間がとれないし難しすぎるように感じる
- 少しリスクをとってでも、一連を任せて失敗したり悩んでもらいながら自分で進めていく中で、総合的な力がキャッチアップできるような気がするものの、本人のコミュニケーション力や思考力、モチベーションを踏まえると、まだ現実的ではないように感じる

「任せられる仕事がない」、「仕事をお願いしようにも、その時間がとれない」という問題です。このような考えから、後輩の管理者にまずわたしていくのは、非常に限定的で簡単な"作業"ばかりになります。まずは日々のルー

ティンなど、できることからお願いして、作業を通して必要な知識・スキルや仕事の全体感を養ってもらえたらいいなと考えます。

しかし、多くの場合願いのとおりにはなかなかいきません。後輩管理者の立ち位置は、自身のアシスタントの位置づけに落ち着いてしまい、視座が高まったり視野が広がる感じがしません。

タスクは上流にいけばいくほど、抽象度（あいまいさ）が高くなり、ステークホルダーも増え、正解のない中で方向性の決めたり、選択したりといった判断も増えます。そのため、視野の広さ・視座の高さなど、前提とする情報量の理解も増します。ルーティンワークをいくらこなしても、必要な視座は低く、具体的で前提となる知識が少ない小さなタスクです。より多くの量をこなす以外に、価値の高め方がありません。

ずっと先輩の下で作業を任されるだけの人ではなく、一人前の管理者になってもらうためには、より広い視野と高い視座を獲得してもらう必要があります。任せるべきは切り出された作業ではなく、チームのミッションのうち特定の分野だけでもよいので、上流から下流にかけての一連の仕事です。その一連の仕事を任せるにいたるために、先輩である管理者のみなさんはOJTのプロセスを適切にデザインする必要があります。

■"仕事"のプロセスと作業の視野／視座

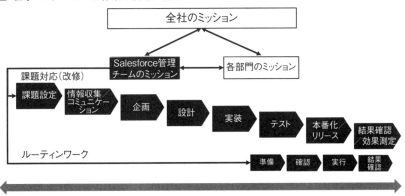

◆3つのOJTアプローチ

　OJTの進め方は、人によってブレが大きく、課題を抱えがちな部分です。そのため、OJTによる経験蓄積の進め方として、行動分析学における**チェイニング**という考え方を用いて、3つのアプローチを紹介します。

　まず1つ目としてよくあるアプローチが、ちょうど自分の手が空いているときに、後輩に今とりかかっている仕事を手伝わせていくというやり方です。成り行き任せ・ランダムなパターンです。ちょうどよい仕事がある場合や、自分が伴走して後輩に教えられるタイミングがいつくるかなど運要素が多く、"後輩からしても仕事を手伝わせてもらってる"感覚です。経験自体は積めますが、主体性や前後のプロセスとのつながりといった全体感はあまり養えません。そのため、このパターンのOJTアプローチであれば、ある程度全体のプロセスを見てもらえるように、何はやったことがあって、何はまだやっていないのかを管理したり、振り返る機会を作ってあげるようにしましょう。同じプロセスを経験させる場合は、前回経験したときとのちがいを、前後のプロセスを含めて伝えてあげたり、理解を深める工夫が必要です。

　そして2つ目のやり方として、"思い切って1つの仕事を初めから終わりまで任せてみる"というものがあります。これは**フォワードチェイニング**というアプローチです。仕事の一連のプロセスを前からつなげていきます。飛び込みで営業させて、注文から入金までやらせる研修のイメージに近いです。仕事のプロセスは上流ほど多様で抽象的で難しいため、当然OJT対象者は多くの壁にぶつかって失敗したり、悩み苦しみながらもがきますが、うまくいった場合、能動性の獲得や経験からの学びなどは強烈でしょう。ただし、運の要素でたまたまうまくいくパターンや、自己流すぎるやり方で切り抜けてしまうことも発生するため、再現性にはやや難があります。

　また、実際にはSalesforce管理者のような守りの業務が多く存在する職種の場合、失敗したときのリスクは組織全体や上長に大きく負担をかけることになります。そのため、先輩管理者は自身の立場や責任の問題により、結局は自分が介入してカバーせざるをえず、中途半端な任せ方になってしまうというケースが多いでしょう。

　そして何より、任せる対象の仕事をそもそも切り出せなかったり、OJT対象者の過去のキャリアや人物像的に、このような崖から谷底に突き落とすアプローチが精神的に負担となりすぎる場合もあって、試すことが難しいアプ

ローチかもしれません。人を選ぶアプローチですので、失敗しながら突き進むことが過度に心理的負担にならない、自身のアイディアを実際に行動に移して問題を解決していく志向があるといったパーソナリティを持っていると考えられる場合に、試す価値があります。

最後3つ目のアプローチは、**バックワードチェイニング**です。フォワードの逆で、プロセスの下流タスクから徐々に任せていき、成功体験を積んでいってもらうアプローチです。Salesforce管理者でいえば、新しい機能を本番環境にリリースし、実際に動作したことを確認、ユーザに説明して利用を開始してもらい、活用状況に問題ないことをチェックしていくといった作業やコミュニケーションからやってもらうイメージです。

営業でいえば、契約の手続きや納品などの顧客折衝からやってもらうイメージでしょうか。飛び込みで営業をするのに比べて、最終的に契約が通った商品構成や価格感、契約の内容、顧客の機嫌や評価、納品時に発生するコミュニケーションや調整ごと、注意点といった"最終的な到達点"ややりがいを体感できます。ゴールに近いプロセスから、チーム外とのコミュニケーションや仕事の成果までを主体で確認してもらうことで、より上位のプロセスをやることに向けたモチベーションを獲得したり、より上流の仕事をやるときにも、ゴールの状態から逆算して自分で作業やTodoを発想しやすくなります。

■仕事のプロセスとOJTのアプローチ

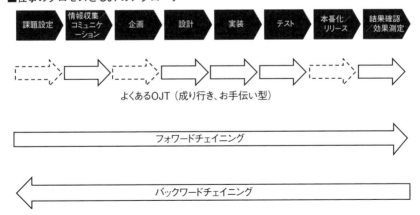

　これら3つのアプローチは、どれにも一長一短があります。うまく組み合わせながら、経験蓄積をデザインしていきましょう。なかなか思うように動いてくれない後輩管理者に落胆するのではなく、"その人の特性や習熟度にアプローチがうまくあってないかも"と思えるだけでも、マネジメントする側の先輩管理者の心理はグッと改善されます。

9-7 どのように指示を減らして能動的に 動いてもらうか

　「自分で考えることをうながしてみても進まないし、確認や質問ばかりされるし、うまくいかないうえに期限にも間に合わず、お互いにぶつかってしまう」

　「手取り足取り前提情報を与え、作業を教え、やってもらうようにしているけれど、考えて動いてもらえるようにならない」

　思い切ってわたすことも、丁寧に教えることも、どちらもうまく機能せずに右往左往し悩んでしまうというのは、上位者の宿命です。育成対象者がどのタイミングで"能動性"や"主体性"を獲得できるか、いつ自律した役割へシフトしてもらえるのかは、大きな課題になってきます。

◆作業者から主体者に引き上げるには

　先ほどのOJTの話にも関連しますが、過去の上司や先輩を思い出してみてください。マイクロマネージメントをされて自分の思った仕事の進め方をさせてもらえずうんざりしたこと、無茶振りと放置によって強い苦痛を感じたなど、経験はありませんか。また、みなさん自身後輩や部下がいたとしたら、どちらのタイプでしょうか。

　どちらのタイプの上司やリーダーも一長一短、合う合わないがあったことと思います。こういった人を選ぶ極端なマネジメントスタイルは、少数のチーム、ひとりひとりの存在が貴重な組織においてはあまり得策ではありません。

　本来、指導のタイプとしてどちらがよいとか、マイクロマネージが悪い、放置型がよいという話はありません。むしろ、対象者の置かれているレベルに応じて、リーダーやトレーナー側のスタイルを変えていくというのが合理的なアプローチです。それによって、引き出す能力や、次にターゲットとする成長ステップが変わります。

　こうした、"対象者の状況に応じたマネジメント手法の使い分け"を整理したSL理論という便利な考え方があります。この理論にもとづいて考え方を整理することで、仕事に対して自律的に取り組むことをゴールにし、そこに向かって引き上げるための学習経験の積み方が見えてきます。初めて後輩を持つとき、育成に悩んだときに役立つ考え方なので解説します。SL理論では、育成対象者をS1、S2、S3、S4に4分類して、それぞれの層へ適した接し方を記載しています。縦軸に対象者のレベルを引き上げるため援助的（コーチング）行動の大小、横軸を指示的（ティーチング）行動の大小を表します。いかに"S1：手取り足取りの状態"から"S4：仕事を任せられる状態"になっていくかということを考える指針です。

　右も左もわからない学生にいきなり営業として仕事をとってこいといっても、受注までの業務プロセスも商品のことも知らないですし、それを自力で覚えろというのはあまりに非合理的です。また、自分のスタイルで仕事をこなせる部長クラスの人材に、上長である社長が手取り足取り指導することは、せっかくの主体性やリーダーシップ、独自のアイディアをそぐ行動になりますし、本来1人で仕事を完結させられる人にマネジメントコストを無駄にかけることになります。

9

成長に向けた準備

■SL理論

SL理論 = Situational Leadership
フォロー対象の部下や後輩のレベルに合わせて接するスタイルを変えていく手法

S1 初学者：指示型
　　　　　手取り足取り教える
S2 作業者：コーチ型
　　　　　やり方は教えるが極力自力で
　　　　　進めてもらう
S3 推進者：援助型
　　　　　明確なミッションを渡し、任せる
S4 責任者：委任型
　　　　　目的を示し、アウトプットを求める

発達度／能動性は
矢印に沿って上がっていく

　そこで、人の発達度／仕事に対する自立度はS1からS4まで分かれており、右から左へ山なりにステップしていくと考えます。S1やS2の層の人は、前提として持っている知識や経験による情報が少ないため、指示を多めに必要とします。仕事自体は上位者から具体的にインプットをされます。

　S1はマインドを育てる状態ではないため、受け身らしい仕事の仕方になります。

　S2になると、S1層でそれなりに場数を踏ませているため、「どう思う？」、「どうやって進めようと思う？」という問いかけも増やします。ただし、考えてもらいつつもきちんと上位者から自分なりの思考プロセスや、答えのあるものについては答えも合わせて伝えていきます。

　S3やS4になると、指示を減らします。大小のわたす仕事の目的、ゴールとやり方のヒント程度をわたしたら、中間の期限や納期を決めて、あとは目を離します。S4になったら、ビジョンやミッション、目的や達成目標、といったものをわたして、数ヵ月や半年、1年といった時間軸で任せていきます。

　左半分へ移行すると、上長的に楽というのもありますが、育成対象者にとっても価値があります。仕事に能動的に取り組めて、組織からの評価も高く、自身の自己効力感も高くなるため、Salesforceに関する仕事をリードする立場という自覚を持ち始めます。

　S1からS4のレベルは、単純に知識やスキルの習熟度を示すものではないので、前提となる学習や経験量が少なくともすぐにS3やS4にいける人もいれば、実務経験自体が長くて十分に知識やスキルがあっても、上位者や調整者がいないと仕事をするスタイルから抜け出すのが難しい場合あります。

　自分が担当する育成対象者をどの段階と考えればよいのかについては次に例を示します。作業経験はそこそこ長いのに、なかなか能動的には動いてもらえず、アウトプットのレベルも期待するレベルになかなか届かないという経験は、後輩を持つとよくあることだと思います。何がわからないのか、なぜやらないのかを問い正してアドバイスしては、再度チャレンジさせようとしますが、なかなか変わりません。仕方なく、「こういう場合は、通常Aのようにやるところを、例えばBしたらいいと思うよ」と例をあげてアドバイスをしますが、「はい。わかりました（Bをしろってことですね）」と結論だけ切り取られて、文脈や意図を考える姿勢は見えないといった離齬は多く発生します。

このとき、対象者をS2の位置で指導しようとしているにもかかわらず、本人は基本ティーチングされたものを実行するS1層で仕事をすればよいと認識していることに原因があるかもしれません。「これまでは指示どおりにやってもらう期間だったけれど、ここからは自分でアレンジして進める段階にチャレンジしよう」、「確認とアドバイスはするから進めてみて」と、明確にステージを変えるようなコミュニケーションが必要かもしれません。

S1からS2は、比較的個人でも努力しやすく、容易にいけるポイントです。知識やスキルによって解決される部分が多く、一般に公開されている知識や練習環境での操作を通して、手段（How）自体は身につけることができるからです。Salesforceなら資格を取得する、Trailheadのバッチを取得する、SNSでコミュニティの仲間に報告してお祝いしてもらうなども達成感につながりますし、モチベーション獲得方法が用意されています。ここはいかに時間を確保して取り組むかですので、学習計画や進捗をよく確認してあげるようにし、後押ししましょう。

一方、S2からS3で能動性やリーダーシップを発揮していく部分は苦戦する人が多いです。S1からS2など、上下の移動は知識のインプットや練習によるスキルアップ（個人の努力）でいけますが、右から左への移動はマインドチェンジが必要になってくるためです。右半分（S1とS2）は、問題解決のための手法（ツール）や知識といった"問題解決力"を扱うのに対し、左半分（S3とS4）のステップになると、仕事の遂行のために解決すべき問題／課題設定を自分で判断／意思決定して行う"課題を発想・設定する力"を急に求められることになります。製品知識や技術といった手段（How）は持っていても、なぜ・何をする必要があるか（仕事におけるWhyとWhat）という課題を自分で定義できないと活かせません。ここでいかに知識を詰め込んだり練習量を増やしても、道具が増えるだけで、使えるようになりません。

S2からS3へのシフトについては、任せやすい実務がなければ、普段のトレーニングとしてケーススタディやロールプレイが有効です。実際の業務に似た形で「××から不具合の連絡がきた」、「営業部から××をしたいといわれた」といった簡単なシナリオを設計をして、考えてもらいます。シナリオは記載したような、あえて簡素なもので大丈夫です。育成対象者からいろいろと情報がたりない点について質問が出てくると思いますが、それを考えてもらうこと自体もトレーニングになるからです。実際の仕事では、作業の前提になる情報がなく、仮説や推測も重要です。思考し、判断する経験によっ

て、課題を自力で見つけ、欲しい情報やアイディアが定まり、普段の情報収集のアンテナが高くなります。自然とWebや書籍の情報が頭に入ってくるようになったり、上位者に対してうまく"相談"ができるようになれば、チームの一員としての成長も、1人の社会人としてキャリアも開けていきます。

◆仕事の委任

　頭ではわかっていても、「タスクは任せられるが、仕事を任せられていない」、「タスクを作るのがボトルネックになってしまい、結局自分で全部やってしまう」など、こうした状況から抜け出せない人々を多く見てきました。

　タスクしか任せられないのであれば、社員として人を育てる必要性はあまりありません。作業量の増加は、人をたすことである程度スケール（増やす）することはできますが、作業の指示や作業の進捗や、結果確認などを行う管理者の育成という課題を先延ばしすることになります。そのため、あくまでもアシスタントを増やすのではなく、正式なメンバーを増やして、仕事を任せていくという前提で業務設計をします。自分の仕事をまるっと任せるコピー＆ペーストの発想ではなく、後輩に仕事を任せつつ、自分の体を空けて、別の課題に取り組んでいくためのカット＆ペーストをイメージします。

　S1とS2層はまだコピー＆ペーストで、自分の仕事の半分程度の領域をわたしていくイメージです。ここは、人材を育成して次の仕事に取り組むための準備段階ですので、ダブルで工数がかかるイメージに近くなります。この時期が先輩管理者としては最もつらい時期ですが、OJTのアプローチや育成手法を駆使し、よりS3以降の関与度合いでできる仕事を増やします。

　S3からS4は、先輩管理者は仕事のプロセスのうち、管理や思考をしない範囲を広く作っていきます。報告してもらうタイミング、相談してもらうタイミングだけを決めて、時間を空けていきます。これまでは120%稼働で仕事をこなす日々だったかもしれませんが、今後はより多く体を空けておくことを意識しましょう。余白を作ることで、後輩からの相談や、緊急度の高いトラブルの報告に備えます。

　中長期視点での課題検討や、社内外での情報収集やコミュニケーションなど、打ち手の準備と社内での調整力を磨いて、チームにとってより強力な支援者になることを目指していきましょう。

■仕事をコピー＆ペースト

S1層向け

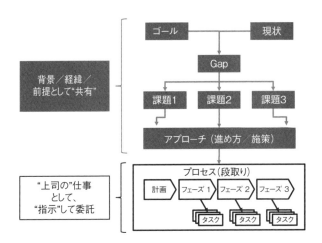

S2層向け

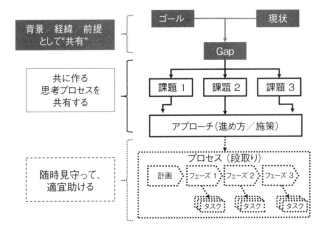

■仕事をカット＆ペースト

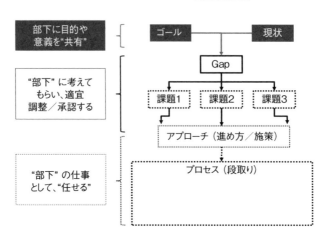

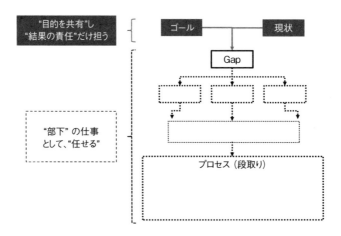

9-8 一人で勝つな、一人で負けるな

最後に、セールスフォース社とその文化をよく表した"一人で勝つな、一人で負けるな（Don't win alone. Don't lose alone.）"という素晴らしい言葉を紹介します。

人材確保と育成について解説してきましたが、あとからSalesforce管理のチームに加わってくれる育成対象も、先輩管理者も、それぞれ個人の性格も得意なことも異なるでしょう。努力しようとしても、必ずしもうまくいかない場面は出てきます。

いかに周囲を巻き込み、仲間に引き入れて課題解決にあたるかが、最も重要な姿勢です。Salesforce管理者にとっての仲間は、必ずしも社内だけではなく、社外にもいるということを解説します。

◆最大の課題は"課題設定"と"周囲の巻き込み"

「周りを頼れといわれるけれど、どう頼っていいかわからない」
「ざっくりとした質問の仕方になってしまい、的を得た回答をもらえない」
自身や周囲の人に思い当たる経験はないでしょうか。

実務者の学習は、学校的な学習と大きく異なる点があります。実務で発生する問題は、解くべき課題の形自体がはっきりしないことが多くあります。そして何より、絶対の答えはなく、やってみて成果を検証できるようになるまでは、答え（結果）がわからないことばかりです。はっきりとした答えも課題もない中で、参考になる情報であったり、誰かを頼って成し遂げるという、いわゆる"仕事を覚える活動"というのは、考えれば考えるほど難しいものです。

Salesforceを活用した実務も、当然例外ではありません。筆者も多くのユーザ企業やパートナー企業へ支援に入ったときに、管理職から現場のメンバー、初学者から中堅まで、さまざまな方の相談を受け、Salesforce管理者の仕事を進めるうえで、努力の方向性が定まらないで困っている方を多くみてきました。こうした相談者は、大きく2つの問題を抱えています。

自身の抱えている課題をうまく整理できない

他者を頼ろうにも、何を相談すればよいのか言語化できない問題です。"何

がわからないかがわからない"という状態のため、ざっくりと大雑把な質問になってしまったり、答えのない問題に対して丸投げで聞いてしまったりします。相談相手にとっては前提情報がたりないためアドバイスが絞り込めませんし、抽象的で答えにくい質問や相談を受ける負担が大きく、相談を受けることに消極的になりがちです。

このように、自分の知りたいことや解決したいことは何かの設定ができていないと、"周囲を頼る"という言葉が効果を持ちません。そのため、そもそも周囲を頼れず、相談もできません。

そして、悩んでいることを相談できずに抱え込むと、考え方のアプローチをまちがえたまま1人で突き進む場面が増えます。結果として、目的に対して手段の設定をまちがえてしまい、不要な技術的手段の検討に時間をかけてしまったり、表面的な問題に都度対処するばかりになったりして、問題や悩みをさらに大きくします。

協働や立ち回りの不足

自分が答えを持っていない問題や、本来自分が責任を持つべきでない問題に対して悩んでしまう問題です。社内の他部署や社外の関係者の役割を意識できていないため、Salesforce管理者である自分が主体的に進めるべき課題を切り分けられません。そのため、自分のもとに舞い込んだ相談や問題を、すべて自分が責任持って解決しようとしてしまいます。

問題の本質がどうであっても、"Salesforce"というキーワードが絡む問題は、すべてSalesforce管理者をやっている方に集まってきてしまいます。ただ、その中には契約先であるセールスフォース社の担当者が対応すべきもの、関連するパートナー製品やベンダーが対応すべきもの、そもそも社内の事業部（ユーザ側）での業務的な決めが必要なものなど、Salesforceの管理者がまだ判断や作業をできる段階でないようなテーマが混ざっていることもよくあります。

"何がわからないかがわからない"状況にとっかかりを作るコミュニケーション（壁打ち）や、課題を分解して適切な担当者に対処をわり振る（切り分け）によって解決する意識が必要になってきます。そのためには、自分以外の他者に関心を持ち、チームで仕事をする意識が非常に重要です。誰がどんな役割や目的を持って動いているかを理解し、自身だけでは前に進めない状況で適切に手を取れるようにします。

◆セールスフォース社やパートナーを味方にする

　課題を明確にするための壁打ち相手を見つけたり、自分1人のリソースで対処しないために課題を切り分けるには、社内のさまざまな部署や役職の人を味方にするだけでなく、社外の利害関係者とも手を組むことが重要です。自社を代表するSalesforce管理者の立場で、セールスフォース社やパートナー企業とも関係性を築き味方を増やしましょう。社外の強力な仲間であるセールスフォース社やパートナー企業に目を向ける場面や価値についてふれておきます。

セールスフォース社

　まずは基本装備である、契約ライセンスに付随するサポートサービスを利用しましょう。6-5でも少しふれていますが、Salesforceのデータセンターを含む監視運用やテクニカルサポートサービスは非常に強力です。有償のサポートを契約していればさらにです。過去実績として、有償サポートに付随するとても魅力的な支援サービスは多く展開されてきました。例えばSalesforce管理者向けにはセールスフォース社のオフィスで社員へ活用相談できる自習室が提供されていました。また、管理者だけでなく経営層やマネージャー層とチームで参加できるダッシュボードやレポート活用のワークショップ、自社ビジネスの顧客側の目線を追体験するカスタマージャーニー作成のワークショップなども開催されています。このように、管理者の業務を支援するだけでなく、自社の複数のキーマンを集めてSalesforceの活用リテラシを向上させるための会社全体を支援するイベントがさまざまな形で提供されています。ぜひ、営業担当を通じて、これらの支援サービスを再確認することをおすすめします。

　何より、セールスフォース社の営業担当自身が実際にSalesforceを利用しているため、ビジネスモデルや組織体制はちがえど、参考になる生きたナレッジを持っています。困っていることは漠然とあるけれど、具体的に何をどう改善したいのか課題が言語化できないという場合でも、過去の事例ベースで何らかのアイディアをもらえるかもしれません。既存顧客向けの活用支援から、追加ライセンスの提案で営業成績をあげるタイプもいますので、具体的な機能レベルの提案が受けられることもあります。Salesforce管理業務の課題解決もでき、セールスフォース社にとっても、次の取り組みに向けた商談

機会が創出できればWin-Winです。

　経営陣とセールスフォース社の接点が増えれば、Salesforceの活用への期待も高まり、Salesforce管理者の業務への積極的な投資や先手を打った体制構築につながるかもしれません。Salesforceは企業が現状維持ではなく、よりよく成長しようというベクトルがない企業では、価値が発揮されない製品です。経営層へダイレクトに啓蒙してくれる仲間として適宜、よい関係を築いていきたいところです。

パートナー企業

　Salesforceのパートナー企業に目を向けることも重要です。パートナー企業というと、初期構築を行う導入コンサルティング企業や、SIer、AppExchange上での関連製品を展開するプロダクト企業があげられます。そのほかにも、小規模なパートナー企業、フリーランスまで、実にさまざまなプレイヤーがユーザ企業のSalesforce活用を支援するビジネスを行っています。社内で予算を獲得するのは大変に思うかもしれませんが、そもそもパートナーが提供するサービス自体を調査しないのはもったいないことです。費用に見合う価値があれば、経営者も決裁者も必ず耳を貸してくれます。提案力の強いパートナー、柔軟な契約条件や安価な単価から始められる支援を提供するパートナーなど、さまざまな予算事情や課題に応えるパートナーがいます。

　パートナーはWebを検索しても見つかりますが、SNSやコミュニティイベントなどでつながることもできます。担当してくれる人のスキルや、コミュニケーションの相性も重要なのがパートナー企業との協業ですので、セールスフォース社からの紹介や、Webをただ検索するだけではなく、中の人の人柄や印象含めて、調べて、ネットワークを作っておきましょう。

　何より、パートナー企業はSalesforceを導入する企業や、利用する企業の課題がビジネスチャンスです。ユーザ企業が抱える多くの課題を経験上知っており、それらを製品やサービスにパッケージングして手段を提供することが売り物になっています。そのため、Salesforce管理者が自社の課題をうまく言語化できていないときは、パートナー企業の製品やサービスを起点にして、自社の課題を発見したり、アイディアをもらうことができます。課題から手段を考えるのは正攻法ですが、製品やサービスから逆算して、今後自社に起こりうる課題を考えてみるというのは、Salesforce管理者にとってライ

フワークにすべき活動といえます。

　自社内やユーザ企業同士の交流だけに閉じずに、セールスフォース社やパートナーといった、ときには対立してしまいそうなステークホルダーの情報やノウハウもうまく利用するよう、アンテナを張っていきましょう。

　Salesforceは自社の管理するシステムの1つに留まらず、いずれは経営課題全体を乗せて動いていく大きな船です。船の舵取りは大変かもしれませんが、すべてを1人で担う必要はありません。社内の仲間、社外のステークホルダーと手をとりあって、終わりのないDXの航海を続けていきましょう。

9

成長に向けた準備

おわりに

　本書を手に取っていただきましたみなさんに、あらためてお礼を申し上げます。ここでは少し本音も交えて書いておこうと思います。

　まずは、初めての書籍執筆をなんとか書き終え、ほっとしています。

　本業の合間を縫っての作業や、1冊分の文章を書くことに疲れた、というわけではありません。今回のテーマである "Salesforce" というものはCRMやSFAシステムの1つとして語られるIT製品・ツールでありながらも、経営改革や事業成長など、ビジネスの文脈を含めて包括的に語る必要があります。そうしなければ、世に多く出回っているような、機能や事例といった情報の価値が解釈できない重厚なテーマ、分野であるためです。表面を触るだけでは1冊でたりず、部分で切り取ると企業のビジネス成長に追随する広がりのあるプラットフォームといった特徴が表現できません。情報の取捨選択と、1冊の書籍としての全体観の両立に悩みました。

　もともとの経緯を書いておくと、本書の企画にお声がけをいただいたときのテーマは、"実践的な事例を交えた入門書" でした。このお話をいただいたとき、著者個人の視点では、書籍というアウトプットを手がける経験は大変意義のあることに感じたものの、正直なところ、十数年Salesforce業界で過ごしてきた身としては、あまり気乗りはしませんでした。なんといっても非常に情報共有が闊達な業界ですので、多くのSalesforce知識や技術習得のコンテンツはWebで、無料で手に入るものばかりだからです。情報量は多いので、書籍1冊のボリュームにそれらの知識をまとめることにもキュレーション的な意義はあります。しかし、具体の機能や設定は陳腐化も早く、書いたそばから古くなってしまいます。ナレッジを必要とされている方に対して、書籍という形がはたしてよいのかどうかは悩む部分がありました。

　5年前、10年前と製品だけでなく、業界自体も大きく変わりました。本書を執筆している2023年11月時点では、Salesforceが提供する生成AI機能活用に向けた情報が出始めた頃ですし、既存の製品機能についても、少し前まで権限管理機能の主役だったプロファイルから、権限セットへの移行が本格的に見えてきた頃です。ずっと前にこの業界に足を踏み入れた人と、これからSalesforceに関わろうという人がたどる学習の経験や過程は異なるでしょう。

　私に10年分の下積みがあるからこそ理解できることが、これから業界に参加される方には難しいかもしれません。逆に、過去の私では理解が難しかったことも、別のバックグラウンドを持つこれからの方々には、自然と理解できることもあるかもしれません。そのため、私自身がSalesforceの学習者に対してこうあるべき、こうすべきというのものは、きっと通用しないだろう、と思いました。

　一方、そう考えたときに、10数年前から大きく変わっていない基本的なこと、繰り返し行われてきたことを語ることについては意味があるのではないかという気持ちも芽生えてきました。

「10年以上見てきても変わらなかったことをベースにしよう」
「本質だけを語ろうとすると抽象的になりすぎる、向き合うべき問題については極力リアルなものを示そう」
「機能や手段の詳細よりもアプローチを示して、陳腐化を防止しよう」

　こういった着想が湧いたときは、これまでこの業界で過ごしてきた同志や、現在進行形で入門から立ち上がりの時期でもがいている多くのユーザ企業の担当者のみなさんの顔が思い浮かび、やる気が湧いてきました。

　そして今回、Salesforce管理者のみなさんがたどるであろう一連の道筋を目次として、実務上のテーマ、Salesforce固有の知識、ITやビジネスで活かせる基礎的な知識を圧縮するチャレンジによって、1冊の書籍を成立させようと試みることになりました。読者のみなさんの評価はどうあれ、つながりを持たせた構成の中で一定の意味を持ちつつ、Salesforceのエッセンスを表現できたのではないかと思います。

　個別には書ききれなかった、より細かく具体的なTipsやナレッジなどもかなりあります。それらについては、ナレッジを必要とされる方々への情報発信をする機会を作っていくことで、引き続き業界に貢献していこうと思います。これまでよりも一層、SNSやBlog、セミナーやイベントの企画に励まなければというモチベーションにもなりました。

　結果として、当初いただいたお話のような初心者や入門書というレベルではなく、管理者の実務に踏み込まれた方々の悩みに沿った重く・小難しい内容になってしまいました。本書を手にとって頂いたみなさんには心から感謝致します。

また、私の意向を尊重してSalesforce管理者の実務を踏まえた再入門的な書籍として書かせていただいた編集者の中山みづきさんにあらためて感謝申し上げます。「書き始めたら早い」と豪語しつつも、なかなかまとまった文字数を出してこない私を辛抱強く見守ってくださり、ありがとうございました。Salesforceとともにあった過去の私のキャリアや知見の中から、これからの方々にお伝えしたいことを表現できたと思います。

　最後に、数ヵ月にわたって執筆と本業に追われ、冴えない顔をして仕事に向かう私を常に励まし支えてくれた妻あゆみに感謝したいと思います。そして、そんな浮かない様子の私に対して、ときには思いやりのある言葉で励まし、ときには苦手なことや気乗りのしないことにも果敢に挑む姿を見せて、鼓舞してくれた息子託也に最大限の敬意と感謝を伝えたいと思います。

　ありがとうございました。

索引

著者プロフィール

佐伯葉介（さえき ようすけ）
株式会社ユークリッド　代表取締役

約15年にわたってSalesforce業界にコミットし、ユーザとして、管理者として、ITコンサルタントとして、経営者として、あらゆるキャリアを経験してきたジェネラリスト。

直近数年は、過去の経験や知見を活かしてユーザ企業各社の管理者チームの立ち上げや伴走支援、ライフワークでの相談対応などに従事。ナレッジをもとにX（旧Twitter）やnote、セミナー登壇などによる情報発信を行っている。

業界全体の構造的な課題について日々研究し、新しいアプローチを模索中。

＜略歴＞

SCSK株式会社にてSalesforce運用／保守事業の責任者として日本No.1CSチームの構築、株式会社フレクトにてHeroku No.1チーム責任者、当時先端技術であるIoT事業と製品の立ち上げを行う。

株式会社セールスフォース・ジャパンにて中小企業セグメント向けプリセールスとして主要製品にてトップの販売成績。

株式会社リゾルバ創業。Salesforce業界向けのコンサルファームとして活動を牽引し、2022年社長退任、2023年に売却。

現在は株式会社ユークリッドでの活動の側、支援先企業の経営顧問や社外役員などを務める。

●本書のWebページ
本書の内容に関する訂正情報や更新情報は、下記の書籍Webページに掲載いたします。

https://gihyo.jp/book/2024/978-4-297-14159-2

- 装丁
  西垂水 敦、内田裕乃 （krran）
- 本文デザイン・DTP
  朝日メディアインターナショナル株式会社
- 担当
  中山 みづき

成果を生み出すための
Salesforce運用ガイド

2024年 5月 11日　初版　第1刷　発行

著　者　佐伯葉介
発行人　片岡 巌
発行所　株式会社技術評論社
　　　　東京都新宿区市谷左内町21-13
　　　　電話 03-3513-6150 販売促進部
　　　　　　　03-3513-6177 第5編集部

印刷／製本　港北メディアサービス株式会社

定価はカバーに表示してあります。

ISBN978-4-297-14159-2 C3055

Printed in Japan

■お問い合わせについて

　本書の内容に関するご質問は、下記の宛先までFAXまたは書面にてお送りください。書籍Webページでも、問い合わせフォームを用意しております。
　電話によるご質問、および本書の範囲を超える事柄についてのお問い合わせにはお答えできませんので、あらかじめご了承ください。
　なお、ご質問の際に記載いただいた個人情報は、ご質問の返答以外の目的には使用いたしません。また、ご質問の返答後は速やかに破棄させていただきます。

＜問い合わせ先＞
〒162-0846
東京都新宿区市谷左内町21-13
株式会社技術評論社　第5編集部
「成果を生み出すための
Salesforce運用ガイド」係
FAX：03-3513-6173